Die Berufsweisen. *)

Durch die Gassen schwärmen,
Jubeln, trinken, lärmen,
Ist Studentenart;
Doch der Bursch soll Bessers lernen,
Und bald traut sein Fleiß den Sternen,
Wird ihm erst die Weihung offenbart.

Putzen, Wache stehen,
Weibern nach zu gehen,
Ist Soldatenart:
Doch des Kriegers wahres Leben:
Frei dem Tod sich hinzugeben,
Ihm nur für die Feldschlacht aufgespart.

Putzen, äugeln, schmähen,
Leis nach Männern spähen
Ist wol Mädchenart:
Aber, fern von Ball und Schmause,
Dient die Klügre still dem Hause,
Fragt nicht, ob ein Mann sie auch gewahrt.

Innern Zug ergründen,
Freud und Schmerz verkünden,
Ist des Dichters Art;
Hoch in Bildern, reich und zierlich,
Oder schmukklos und natürlich, —
Immer bietet er es treu und zart.

---

*) Aus S. Freunds Jugendgedichten, Berlin bei Reimer 1829. Durchgesehene und vermehrte Ausgabe auf Schweizer-Papier (als Weihgeschenk zu nächsten Festen), erscheint gleichzeitig mit dem grammatischen Probestükk.

Probe- und Bruch-stükk einer deutschen Grammatik für die Rheinlande,

mit Beiträgen zur vergleichenden Sprachkunde und einer Nachlese von lesbarem Ungelesnen,

Ihro erzbischöfl. Gnaden dem Herrn Grafen Spiegel zu Desenberg und Kanstein und den ehemal. Kollegen des Herausgebers, den hochwürdigsten Hrn. Bischöfen Borowski zu Königsberg und v. Mathy zu Kulm

so wie im Andenken

Rettbergs, Schröer und Christof v. Hallers

den Freunden preußischen — des Schulwesens überhaupt, geweiht

durch

Siegmar Freund,

vorm. Mitgl. d. Konsist. Behörden v. Ost- und Westpr.

Berlin 1832.

Verlag der vorm. Realschulbuchhandlung.

(Beide Eigenthum von G. Reimer.)

Probe-Bruchstükk
einer
Grammatik für die Rheinländer.

Veranlasst durch das Gespräch zweier Schreiblehrer im Beiblatt der Du Montschen Zeitung, und zunächst diesem im ersten Entwurf auf zwei Quartseiten vergeblich angetragen.

(Aqua äquitas; äquus, eques.)

Wasser ist das Besste.

PINDAR.

Vorrede.

Leserinnen, welche gehörig zu überschlagen verstehn, finden verschiednes vorab für weibliche Empfänglichkeit Berechnetes in diesem Buch. Hat ein revoluzionärer Sinn, als romantischer Überdrang, gerechten Anspruch auf den Zoll des schönen Geschlechts, wie viel mehr derselbe Trieb, wenn er nur auf unblutige Opfer ausgeht.

So würde denn vor geistreichen Frauen auch der Faun, als *Gracioso,* nicht unbelohnt und dem Ordner die Genugthuung bleiben, seine Hände, in Unschuld gewaschen, zu dem Ewigen zu erheben.

Unter den Kenntnissen und Gewonheiten aber, welche das Kind allmälig der Mutter ablauscht, ist kein Gut höher anzuschlagen, als die richtige vorurteilfreie Übung der heimatlichen Sprache. Mütter, und die es werden wollen, mögen hierin einen Beweggrund mehr erblikken, warum, nach der Verbeugung vor der geistlichen Obhut, der Handwerkgruß unsers schüchternen Unternehmens vorab an sie ergeht.

Köln, im Herbst 1831.

Siegmar Freund.

Die am Ostseestrand, der Heimat Hamanns, Herder, Hippel, Hoffmann (E. T. A.) — — Kants, übliche Schreibung, obzwar spärlicher in Drukfachen, als im Verkehr der Geschäfte ausgebreitet,

kennt c, y und ph nur in Namen,

unterscheidet ss von ß auch am Ende,

unterlässt das bloße Dehnzeichen h in Silben, welche durch Zwielaut (Dyphthong!!) ohnehin lang sind,

übergeht bei: Emfang, emfinden, mitunter auch bei glimflich, Kamf 2c. das müßige p.

Hiebei sind Sprachfreunde für erst dort stehn geblieben, da schlusshaltigre Rechtschreibung in Deutschland nur allmälig Eingang findet.

Schenkendorfs Studien (Berlin), die Zeitschrift Vesta (Königsberg) mit Beiträgen von Schiller, Fichte, Süvern, Scheffner, Graff, Friedländer, Greis, Dirksen, Crelle, Rosenhain, Rhesa, J. M. Hamann, Baczko, Bock u. a.; Zeune's ausgezeichnete Schriften 2c., und letzlich Siegmar Freunds Jugendgedichte (Reimer, 1829) sind meist in obigem Schriftgebrauch gedrukkt.

Probe und Bruchstükk einer Grammatik
für die Rheinlande.

Über die Kosmetik[1]) der deutschen Sprache.

Die Schönheitlehre einer Sprache eignet sich mehr für Berathung und Überein-

---

[1]) *Κοσμος* heißt: Schmukk, Zier, und wieder Welt. — Ordnung, Einklang, sind die (ver)mittelnden Begriffe für beide Bedeutungen.

Jean Paul (in seiner Vorschule) gibt sich als einen der größten Freunde deutscher Sprachreinigung aus: „indem er den hergebrachten fremden Ausdrukk neben dem heimischen Neuling fortbrauche."

Diese seltsame Selbstbesonnung gehört zu dem, weiter unten zu besprechenden Kapitel (Hauptstükk) billiger (äquilibrirender) Geister [womit schon viel gewonnen], dass ein festgesogen Vorurteil nur erst zum „Wakkeln" gebracht werde. Ein erfahrner Schwanzmeister an der Ramme nämlich (mit Jean Paul ein Präsident) keilt die Pfäle (z. B. des Fleisches) anfänglich nur noch tiefer, um die angemoderten gleich darauf desto leichter auszuziehn.

kunft, als dass sie Gegenstand ausgemachter Schulvorschrift wäre. Sie läuft auf Wahl und Wolklang hinaus[2]), so zwar, dass Natürlichkeit und Würde vorwalten.

Drei Dinge vorab sind dem deutschen Sprachlaut zu gönnen:

a) Beschränkung des unbetonten (schlaffen) **e**;
b) Tilgung überflüssiger Mitlauter, zumal des überflüssigen **p**, **r** und **s**;
c) Wandlung der Zwielauter (Diftonge) in **volle, reine, offne Vokale.**

Zu a. Es ist nicht nötig, überall die dritte Endung männlicher und sächlicher Hauptwörter in **e** auszuflachen; wo es natürlicher und wolgefälliger, schreibe man: dem Freund, dem Gegenstand. In der Mehrzahl z. B. die Schuh, die Zeh rc. ist änliche Kürzung anwendbar. Bei Steigerung der Wörter, wie bei Beugungen, Ab-

[1]) Unschwer bilden im Deutschen Perioden sich, gleich obigen, welche tonvoll und wollautend es beinah dem Spanischen gleichthun, oder sogar mitunter in der Überwucht anerkannt oft sieghaften, ächt bildsam angestammten Sprach-Erbes voll Kraft spärlich dem Griechischen nachstehn.

leitungen und UmEndungen wird das e in vielen Fällen schikklich vermieden (zu größerm Trost, zu besserm Verständniss; nicht: zu besserem Verständnisse). Abkürzungen, die im Leben üblich sind (zu Nutz, bei Seit, in Eil, in Ruh, bei Hof, zu Haus, zu Hauf, wess Landes, von Stund an, dem Held, dem Fürst (Gleim), der Buchstab, blühend Aussehn, leicht Bemühn, eitel Untreu; Fels, Daum (statt Felsen 2c.); nicht Bette, sondern Bett, Stirn, Gesell, Nachkomm, Willkomm, Ehstand, wie Fragzeich und Werktag; des Gaums, Abends (nicht Abendes 2c.); zehn Paar für zehen Paare, bald streng bald milden Sinns 2c.; nakt besser als nakkend, ungeschlacht, wolgestalt (für wohlgestaltet) wohlgethane(nene) gehören auch der Schrift an; sogar Lautbeschränkungen, wie dessungeacht, indess, beziehweis, bedingweis, bittweis 2c.

Kein deutscher Dichter [3]) oder Verskünstler (etwa

---

[3]) Dihtan heißt schon bei Ottfried ordnen, anordnen, dihto Befehl; diet im Gothischen Volk, in andern Wortbildungen deutet es auf Gottheit hin. Der Unsinn leuchtet ein, „dichten" von dictare abzuleiten.

Gottsched ausgenommen) brauchte jemal: Ursache oder Zwiesprache (gleich wenig denn ein Prosaist Ehreliebe) sondern Ursach und Zwiesprach &c. **Schiller**, selbst mit Hintansetzung richtigrer Messung im Vers, schrieb: „in Abendroths Stralen,“ und: „des Doppelstroms wütender Macht“ nicht: Abendrothes, Doppelstromes*) (Bürgschaft, Taucher); und wenn wir in einer vermeinten ursprünglichen Lesart uns nicht täuschen, wäre: „die Wehklag hebt an &c.“ (Nänie) jenen Beispielen nur entsprechend. Immerhin schreib: behend, träg, mild, gelind, gering, streng („ich warte lang und strafe strang“ (Aachner Wort) &c. Er lebt, nicht lebet; nicht zeigete, dagegen kosete, reisete, nachgehn, dastehn; aber das Partizip nicht: vergnüget, sondern vergnügt; Plaudrer, Wandrer, nicht Wanderer (wie mit den Berliner: Betteler); geschlagner Mann, verzognes Kind, nicht verzogenes Kind und geschlagener Mann. Endlich,

---

*) Werners „Söne des Thales“ galten lange für Abkömmlinge des griechischen Weltweisen Thales, bis man einig wurde, der Urheber hätte besser gethan, sie „Söne des Thals“ zu nennen.

Anmerk. d. Setzers.

um die letzte Silbe möglichst zu füllen und ihr den Klang wiederzugeben, halte man sich zu der ältern Sprachform: den teuern, eiteln, euerm Stärkern, mit ungeheuern Mauern, etwas Bessers, nicht unwichtigers (statt nichts unwichtigeres). So gebe man auch Hauptwörtern, wie Halbscheid, Mühsal, Eiland, Prosa, Bastard, Leichnam ꝛc. den Vorzug vor Hälfte, Leiche, Prose, Mühe, Insel, Bankert ꝛc. Am Rhein hört man nur Halbscheid, in Ostpreußen nur Hälfte. Urteil nicht Urtel; Labsal vor Labung; die Verkleinerung -lein die -chen überwiegend; die Umstandwörter auf -bar, -haft und -sam; zumeist (für meistens oder gar mehrestens) voraus, vorbei, vorab (für vorzugweise) zumal, fortan, zuvor ꝛc. Auch könnte man Barbir und Tapeter wälen für BarBierer und TapeZierer ꝛc.

Zu b. Man fängt an, das müßige p auszustoßen, wie früher dessen Vorgänger und Verwandten, das b, und gleich man nicht mehr: frembt, kompt, Umbstand ꝛc. schreibt; so beginnt man, weil b und p in solchen Zusammensetzungen kaum, oder richtiger, nicht mehr gehört werden: Emfang, Emfindung, und (etwas vorgreifend), stumf und

Kamf zu schreiben[4]). Man unterscheidet bereits hiedurch von hier durch, hiebei von hier bei uns Kölnern, und schreibt danach für darnach, wozu nicht mehr worzu ꝛc. Man schreibe: anspruchlos, bedeutungvoll, begriffmäßig (**Voss**), hoffnungreich (**Niemeyer**), ausnamweise, vorzugweise (vorab) (nicht vorzugsweise ꝛc.), wie trostbedürftig auch hülfbedürftig, ingeheim (**Voss**), nirgend (nicht nirgends, da der Gegensatz irgend lautet); wie: einmal, zweimal, diesmal, so auch: vielmal, oftmal, „oftmal wein' ich um die Waise" (**Schiller**); auch wol vormal, einst aber: einsten [ohne s] (**Schillers** Leichenfantasie); (altfränkisch: einzen), jenseit, diesseit des Rheins.

---

4) Selbst der peinlichste Dichter trüge kein Bedenken, Triumf auf stumf oder dumf zu reimen.

„— — ewiger Triumf
Muss Eure Tapferkeit belohnen:
Vor Euch sei'n alle Schwerter stumf." (Willamow.)

„Töne aus der Ferne dumf
In den schallenden Triumf."
„In der edeln Zunft
Wo man anklingt und triumft." (Voß.)

„infangen" (statt emp.) (Ottfried.)

Oder wäre in „Emfangen" das p hörbarer als in „Umfangen"?

Wenn bei Zusammsetzungen kein Doppelsinn eintritt (der bei Tagmenschen[5]) [Linné] und Tagesmenschen [welche wir Alle sind], bei Landmann und Landsmann, Staatsbeamten und Staatbeamten, Kindbett und Kinderbett, (Markt- und) Standgebür, und Standesgebür rc. Statt hat), kann allmälig das s schwinden; und in solchen Bindungen zu Gunst der Einzelzahl auch die Mehrzahl, wo Sinn und Wollaut nicht darunter leiden. Sprich Rindbraten, nicht Rindsbraten oder Rinderbraten[6]), und allenfalls der Bauersohn, die Bauernsöne *). Zu p, r und s lassen Liebhaber in wenigen Fällen noch das t und n aus. Z. B. in Gehöf, Zeit-

*) An Linnés dreifachem Nachtmenschen (hom. noct.) war es nicht genug. Lord Monboddo, durch Herder bei uns eingefürt, weiset (Teil 1. Buch 2. Hauptstükk 3.) das Dasein eines hominis caudati umständlicher nach. — „Und" — (fügte der Geriebenste unter uns, Lichtenberg, hinzu) — „allein die leidige Zivilisazion mit ihren Beinkleidern hat das untre Faunenzöpfchen abgerieben, und nur das spitzre, längre Ohr oben ist Manchem von uns überblieben." — In einigen Gegenden Deutschlands, vorab in Baiern (der Name weiset schon auf den idealisirten Bauernjungen oder Faun) soll ein

läufe, weitläufig, wie Einzelwesen, wesenlich, morgenlich (Maler **Müller**) ꝛc.

Das Binde-s in den Zusammsetzungen mit

---

dem kölnischen Saumagen (sau-magisch; pommersch: sauwohl) entsprechender Zuruf auf jene tiefgewurzelte (Monboddosche) Volksannahm hindeuten.

*) Der lange Streit zwischen Burgemeister und Bürgermeister ist mit wenigen Worten so abgethan: Vor 330 Jahren war Burgmeister richtig; später, da Deutschland ein ander Ansehn, und Bürger statt Burgen gewann, war Bürgermeister richtiger. — (Wir würden heuer gern Bürgemeister schreiben, schon der Bürgschaft wegen.) Ob-er-Bürge-Meister.

*) Gleichwol, des Übellauts wegen, weder Schiedrichter (ohne s) noch Standflekk (Rheinreise), oder Vorhut, Nachtopfer, Hinschied (Reform. Alman., Spindler) noch Verkeltag; auch darf schicklicherweise Pièce durchaus nicht mit deutschen Lettern geschrieben werden; wie der Gegensatz von unsern Vorvorbern, ja wol: unsre Nachhintern wären. Werktag, Hinscheiden, Vortrupp oder Vortrab, Standpunkt, nächtliches Opfer, Schiedsrichter ꝛc.; so meint wenigstens der Setzer.

Der Bettler bei der Rodenkircher Andacht.

Ein Orlochschiff segelte vorüber, das in seinem Leben gewiß schon manchen Wald von Mastbäumen niedergelegt hatte. Da brach der Wegelagrer in die Worte aus:

-ung auszulassen, scheint zur Zeit noch misslich, obwol Jean Paul und Schiller mitunter so schrieben [7]).

„Erbarmen Sie sich, meine schöne Dame! „Ihr Allmös-chen würde mir ein große Wolthat sein."

[7]) Der eine letztlich, der Andre bald und wieder. Schiller war wol unter den Stimmfürern der Erste, welcher zum Wiederverstoß unsers Binde-s das Lärmzeichen gab:

„In der himmelvollen Harmonie." —
„Lass mich rechtwärts gehn." (Räuber.)

„Seit das Weib den Himmelsohn gebare." —
„Monarch! ein Arzt, ein Wundermann." (Anthologie.)

„Der Akkermann nach Feldes Früchten." —
„Wo der Ruhe sich ein Zufluchtort?" (Gedichte.)

„Hoffnunglos
Weicht der Mensch der Götterstärke." (Glokke; wiewol nicht in allen Ausgaben so abgedrukkt.)

Nämlich in der von 1817 noch, in den spätern nicht, wo wieder das sogenannte Binde-s vorherrscht; welches mit vielem sonst die taktlosen Herausgeber der Schiller-schen Schriften verantworten mögen. — Minnesänger, zumal aus der schwäbischen Zeit, hielten ihre Sprache we-senlicher rein und frei von dem Binde- oder Trennungs-s und andern störenden, zum Teil dehnenden Eindringlingen. Die Vorliebe für dies missliche s ging und geht gleichwol hier am Niederrhein sogar auf Eigennamen über, wie die Namen: Müllers, Ortmanns, Simons, Hammers, En-

Das Dehnzeichen h, als solches, gehört eigentlich nicht hieher. Wo eine Silbe durch Zwielaut ohnehin lang ist, versucht man das hergebrachte h, wenn es nicht zur Wurzel gehört (wie es in wenigen Worten, fast nur in Frühling, fröhlich, Schmähsucht und dgl. vorhanden), wiederauszutilgen, — das müßige Dehnzeichen h (nicht den hauchende Mitlauter).

Zu c. Die Minderung der Diftonge (Zwielauter) und Wiedereinsetzung vollklingender Selbst- und Einzellauter ist vielleicht erheblicher noch, denn das Vorstehende.

---

gels, Textoris, herkommlich: Herr Ortmanns, Herr Engels (singul.) und dergleichen mehr ergeben. — Reim-er nicht! — ländlich sch.; häuslich, sch.

So weit das s von der Deklinazion abhängig erscheint möchte die Regel wol diese sein: „wo das WortEnde bereits die Beugung bezeichnet, wird der Artikel entbehrlich, wenn er schon beliebig beizubehalten ist; gleichwie, umgekehrt, der Artikel die Beugung des WortEndes entbehrlich macht."

Jägers Abendlied (Göthe); in Abendroths Stralen (Schiller); des Frieden (Stägemann, nach Grimm). Desgl. „frohen Mutes" nicht (mit Voß) „frohes Mutes."

Der Umlaut in der Mehrzahl und bei Steigerungen beschränke sich auf das Unerlassliche. Nach Adelung (man ist zurükkgekommen, seinen Namen — wie adellich im Gegensatz mit bürgerlich — Adellung, zu schreiben), — nach Adélung wäre Kanal das einzige fremde Hauptwort, welches die Endung al in der Mehrzahl zu äl umbildet (mit dem Umlaut versieht) also nimmer (nie mehr): Pläne, Generäle, Admiräle, Journäle, Tribunäle, Arsenäle ꝛc. — Aber nicht genug, das Unrechte zu meiden, die Verdienstlichkeit fängt erst jenseit an. — Man wäle wie bei Steigerungen auch sonst in beidliebigen Fällen und ohne der Rede Gewalt anzuthun, die Sprech- und Schrift-Art sonder Umlaut. Man bilde z. B. von: zart den Komperativ und Superlativ: zarter, zartest; behaglich nicht behäglich; brav, braver, bravest; klar, klarer; oft, ofter; herkommlich, nordlich, ostlich, kusslich, nicht östlich, nördlich, gesunder, ja nicht ge- (Sünder); runder ꝛc.; Angewohnung nicht Angewönung; in Balde nicht in Bälde; Balgentreter (nicht Bälgen-); Pachter, Verpachter, nicht Verpächter ꝛc. Eben so (weil ä immer noch das e übertönt) Jänner, März, Äppig ꝛc.; die Gränze heißt im Gemeng barbarischer Mittelsprachen: Graniza; nämlich, da „nehmen", im Präterit. nam, auf Name leiblich hindeutet; ächt ist dem „aichen" und „ächten" verwandt; ämsig hat man gesucht von Ameise, ameisig (besser mit **Voss** geradehin vom verschollnen amm [beweglich]) herleiten. Der Plural: die Schwanen (**Herder**), wäre dem: die Schwäne, vorzuwälen; desgleichen die Lande, Thale, nicht die Sökke (rheinisch), sondern die Sokken ꝛc. Statt des geregeltern Partizips: gewendet, kehre man zu: „gewandt" zurükk, und verwerfe überhaupt die sogenannten Irregularia nicht, wo sie Tonfülle und Wollaut für sich haben. Somit auch auf der Gegenseite: er fragt, er fragte, nicht: er frägt, er frug; er kommt, nicht: er kömmt; er lauft ꝛc. Er begonnte (**Göthe**), diensamer: begonnt (partic.) **Fr. A. Wolf.**

Die Aachner sagen (dem aufgeraumt, der Durchlaucht, oder dem altertümlichen gelahrt, vergleichbar): Korper und klår, das Eine so tüchtig, nur ungebräuchlich, als das Andre abgeschmakkt [8]).

---

[8]) Der niedre linke Rheinländer, bis Remagen aufwärts, spricht: Erinnerunch; der Ostpreuße: Erinnerunk. Der Pfälzer und Lotharinger können wie sch von g, im

Wie ü dem e vorgeht, ist ü annehmlicher denn das spitze i; daher behalte man Hülfe (für das versuchte: Hilfe) uud schreibe Hüft, nicht Hifte ꝛc. Wir würden futtern dem füttern und schlurfen, (Göthes Faust) dem üblichern schlürfen, so wie nutzen überall (sowohl verb. neutr. als activ.) dem nützen vorziehn, das ohnehin verkehrt gebraucht wird (sieh Adelungs Wörterbuch); Ausdrukken, in keiner Bedeutung: ausdrükken (derselbe), er drukkt sich (Göthe), Rundung nicht Ründung, wie Jenisch hat ꝛc. Bonner nicht Bönner.

Enthusiasten für deutsche Sprache könnten dreist

Deutschen, im Französischen das *j* von dem *ch* nicht unterscheiden.

Selbst in Hauptorten (wie Aachen und Köln) spricht man *Rens* (Rheims) französisch und Liohn (◡—) *Lyon* deutsch, da es umgekehrt sein sollte. (Verkehrtheit? Verdrehung *)?

Schiller würde erröten, hörte er von deutscher Büne aus deutschem Munde:

> Das weite „(Rins)" fasst kaum die Zahl der Gäste,
> Die wallend strömen zu dem Völkerfeste

*) Beigewicht des Abschreibers.

Sagen diese Fragen zuviel? Klagen sie übermäßig an? Unter mehrern nur ein paar Beispiele (erstes aus, das übrige ausser dem Theater), in welchem die rheinische Nachäfferei, wie sie französische Thorheiten vergötterre,

Wochnerinn statt Wöchnerinn schreiben (wochentlich **Möser**) ꝛc.; hingegen sollen sie sich hüten, wie graulich sich von gräulich und traulich von treulich unterscheidet, den Umlaut aufzugeben, wo andre Aussprach andern Sinn hat. Marterer und Märterer sind sogar Gegensätze.

---

unangefochten blieb von alt-hergebrachter, trefflicher Sitte der Franzosen: 1) Das himmelnahe Theaterparadies in Paris unter wachsamer Obhut der Obern hat — keine Stimme, selbst kein Recht zum Applaus, wogegen Glucks Opern dort mit Beifall und immer mit neuem Entzükken gehört werden; 2) Das beliebteste wahrhaft anmutige Erholungspiel gebildeter Jugend beiderlei Geschlechts ist der Federball. — Ferner — den Hausfraun sei es verrathen — trägt man dort häufig Unterkleider, Unterwäsche und Fußbedekkungen von (haltbarer gebliebener) ungebleichter Baumwolle — die gebleichte ist delikater — wie Tücher und Stoffe aus ungebleichter Seide, welche in ihrer natürlichen Zier und Farbe nie aus der Mode kommen.

Auch ist eine polizeiliche Aufsicht in Paris vorhanden, wonach allein reingestimmte Drehorgeln sich öffentlich dürfen hören lassen, wärend in Köln ꝛc. zur Qual aller Nichttauben die misstönendsten Orgelkasten umherziehn.

„**Statt Affen der Franzosen**, sagt Fr. A. Wolf: **Afterfranzosen**.“

Friedrich August bat in Halle, wo sein Freund Göthe ihn ofter besuchte, järlich um die Kirschenzeit (so berichtete später seine anmutvolle Geselligkeit) einen Juden zu sich, welcher beim Verzehr von Erstlingfrüchten, Spar-

I. Zugabe;

(wie einleuchtend, nur für niedre Schulen).

1. **Der** verhält sich zu **welcher**, wie **daß** zu **damit**; **der** kann überall die Stelle von **welcher** einnehmen, **aber nicht umgekehrt**; **der** ist genus, **welcher** die Spezies. „Das Feuer, **welches** brennt," ist unsprachlich, denn **alles** Feuer brennt. — Unsprachlich ist: „der Erste, der mir vorkommt, der nichts ist" (**Don Juan** [9]); **der** und **welcher** dürfen nicht **gehäuft** werden, so wenig als **daß** ꝛc.

---

geln und Änlichem, des erhöhten Genusses wegen ein Vergrößerungglas zwischen Aug und Speise zu halten pflegte, wie Andre bei der geistigen Speise der Bibel. — Derselbe übertrug die ihm mit obrigkeitlicher Wichtigkeit anvertraute Zensur meistens auf seine schönen Töchter, „damit die Mädchen undeutliche Handschriften lesen lernen." — Derselbe, aufgefordert sein Urteil über die Zierde der Berliner Kunstausstellung 1817, über die Büste des Fürsten **Hardenberg** abzugeben, sagte bedächtig: „**Rauch** habe einen trefflichen Staatskanzler dargestellt" (**einen Kanzler**). Derselbe äußerte sich über ein bekanntes Buch: „Die **Rike**, eine Wäscherin ersten Ranges, habe den Einfall bekommen, die AdelVorrechte unter ihre Schürze zu nehmen. — Welcher der nähern Freunde des ruhmwürdigen Mannes, des vollötigen **Gelehrten**, des vollötigen **Menschen** beschenkt uns mit dessen Lebensbeschreibung?

2. Worohne (in **F. A. Wolfs** Analekten, so viel bewusst, zum erstenmal vorkommend) sollte ein rechtes Wort für die Rheinländer sein. — Man unterscheide: wofür hast du das gekauft (für welchen Preis?) von: für wen? — (Wofür, worauf, worüber, wobei ꝛc. wurden bisher von unsern Schriftstellern allein sächlich gebraucht; im Persönlichen sagt man: für wen, auf wen, bei wem?) Nach diesem Grundsatz ist der hiesige Sprachgebrauch in obigem Bezug verwerflich, worohne aber schlussfest und sogar schön gebildet [10]).

3. Die französische Vorschlagsilbe E, wie z. B. in Éperon, État, einst schon in E-land nach Deutschland geflüchtet (**Voss**) hallt am Rhein in e-weg,

---

[9]) Sprich *Don* wie den russischen Fluss, und *Juan* gleich dem kölnischen Johann, — ⌣ (wie oben). In *Aranjuez*, wie es hier ausgesprochen wird, kommen nicht mehr als 4 Fehler vor (in jeder Silbe nur einer) „*arr, en, jou, ez*" (das spanische *z* ist unser ß oder Schluss-s).

[10]) „Wozwischen" W. Schlegel. — „F. A. Wolf, mit welchem" (nicht womit) einen Tag zuzubringen, ein ganzes Jahr Belehrung einträgt."

e-so, e-ja rc. wieder (Erègrehtin, Recht; Erèzi, Erz, altfränkisch). — Der Östreicher sagt: sie liebt den Unterhalt" (die Unterhaltung), die Rheinländerinn: „Es ist schwer, eine Bekanntschaft ganz nach seiner Sinnlichkeit zu finden" (nach seinem Sinn). Das hiesige Kostgeber ist das unverdorbne Wort für das anderwärts angenommne Gastgeber. Lehnkutscher und Lohnkutscher [11]) haben unter-

Göthe *) 31. Bd. 137.

[11]) Sollte das Göthe'sche: „Lohnsoldat" (in der Helena) mehr launig gegen den wakkern Widersacher der Sprachmengerei, Kolbe, oder mehr griechend gemeint sein? Diese Wortbildung entspricht dem komisch zusammengesetzten: „Geheimsekretär" und ist ein Geheimsekretä komisch, so muss in einem Landstrich, wo gesetzlich Öffentlichkeit der Verhandlungen vorwaltet, etwas „Wirklich Geheimes" Grauen, aber nicht das der Ehrfurcht erwekken. (Schreib Göthisch nicht göthisch, und besonders (mit F. A. Wolf) Linkische Versuche, Kindische Gedichte, zum Unterschied von linkischem V., kindischen Gedichten; aber: tombachne Handgriffe, maurerische Täuschereien, krämerische Händel rc. (nicht mit T., M., K. rc.) aber bräuerische sowol, als Bräuerische Verdienste [leztere sowol um als an]).

Beisteuer des Setzers.

*) „Dr. Göthe, der das Schlittschuhfahren und den guten

schiednen Wortsinn. „Endschluss (— ⏑) hieße fast: Schlussschluss; von entschliessen bildet sich hauptwörtlich: Entschluss (⏑ —). Man sagt leichtsinnig und schwermütig ꝛc. Eben so Vaterstadt, da zu dem Haupt, dem Bürger und Bürgen die mütterliche Gesellinn nur als Nebending erscheint.

4. Unabhängig vom Unterschied der Längegrade ist ¼ auf 8 in Köln an der Spree eine ganze

---

Geschmakk in Weimar einfürte." Göthe's eigener Vater (singularen nennt er den Sohn selbst).

Blüchers Urteil über das Landvolk in Pommern und Pomerellen.

Mögen folgende Äußerungen, wie sie der launige alte Held einst seinen lachlustigen Tischgästen aufmunternd mitteilte, unsern rheinischen Mitbrüdern die Abneigung benehmen helfen, sich bekannter zu machen mit den Eigentümlichkeiten der verschiednen Völkerstämme und verschiednen Länder, welche zu dem preußischen Staat anwuchsen.

Für ganz Unkundige wäre zu bemerken, dass Pommern dem Landstrich längs der Ostseeküste zugehört, dessen Söne mit eisernem Körper, und mit mutvoll eisernem, meistens der Einfalt und Natur treuer gebliebnen Sinn — oder oft bei heller Einsicht wenigstens mit geradern Sinnen begabt, jederzeit den Kern des Heers wie des Volks ausmachten; dass hingegen der südlichre Teil von

Stund früher, als ¼ auf 8 in Köln am Rhein. Auf, im Zeitbegriff, deutet ostlich eine Richtung an, westlich wie den Zeitbegriff dem Raumbegriff unterordnend, weiset man damit auf das Bild eines Vorhandnen, dem noch etwas zugefügt wird. Durch ausschließlichen Gebrauch des gemäßern: Vor und Nach (¼ vor 8, ¼ nach 8) wird die Verwirrung leicht vermieden.

(In Aachen ist sogar: vor dem Thor, dem: vor der Stadt, oder: ausser dem Thor, entgegengesetzt; und dem, der aus dem Innern der Stadt kommt, ist das dritte Haus, ehe er an das Thor gelangt, das dritte Haus vor dem Thor.)

5. a) Einige lateinische Worte haben sich in ih-

Pommerellen in seinen waldigen Gegenden — früher unter polnischer Hoheit — einst manchen dem vormaligen Kriegerloos abgeneigten Bewohner barg.

Blücher spricht von seiner Jugendzeit: Bei meinen pommerschen Nachbarn kommt bekanntlich ein frisch geboren Kind schnell in den Stall, der denn versiegelt wird. Löset man nach 6 Wochen die Siegel, und das Kind hat Borsten, so ist es gut. Hat es keine Borsten nimmt man es in die menschliche Gesellschaft auf. — Solche wurden dann später die bessten Soldaten.

rer Sprachtümlichkeit (wie die kleine DrususMünze als ½ Fettmännchen aus der Hand der Eifler Schankwirtinn in meinen Besitz überging, sonder Zweifel ununterbrochen seit der Römer Zeit mit dem Namen Köln selber umlaufend, zumeist noch unter dem Landvolk am Rhein erhalten, z. B. Kinke (quintus*) der kleine Finger; Kloster (Vorhängschloss, Vorhängsiegel); Mämmchen (Mamma, Mutterbrust); Platz (placenta, Kuchen); Gebubbel (vox populi, — Gewäsch); Jux (jocus, Spaß); stüppisch (stupidus) rc. rc. — Dom, Münster (monasterium); Kloster (claustrum); Beginge (benigna, Klosterfrau); Priester (presbyter); carmèlcher (Zukkerplätzchen) und dergl. sind hingegen, wie der Papst mit der

---

In Pommerellen hingegen wussten wir bei den RekrutenAushebungen den polnischen Junkern, welche sich in den Wäldern verkrochen, nicht besser beizukommen, als dass wir Pechstiefeln aussetzten. So ließen sie sich ohne Schwierigkeit einfangen."

* * *

„Kann ich Armeen aus der Erde stamfen?
Wächst mir ein Kornfeld in der holen Hand?" —
Wallenstein.

(Die erstre Aufgabe hat unsre Zeit glükklich gelöset, nur die zweite hat noch merkliche Schwierigkeit.)

*) tibi coce gratulor (coque, quoque).

Kirche selbst, teils als geistlich oft griechischen, teils spätern Ursprungs. Ohne Poschen (Ostern) scheinen Quäseln (quae solae) und Schlarauten (scholares errantes) beinah verdächtig. „Porta pafia“ und „PaffenThor“ (Pfaffenthor) waren vor der Reformazion und sind im Mittelalter mitunter vielleicht zuleicht verwandt oder verwechselt, und „Marsport“ kann wol die Pforte sein, aus der die Maren (Rosse) zu „Schwämm und Tränke“ an den Strom gefürt wurden. Am Lohplatz wohnten, ohne den Elogius zu kennen, Lohgerber, deren redliche Seele noch jetzt mit Betrübniß ehrliche Häute fortschwämmen sähe; wie die Lyskirchen, eine der ersten Patrizierfamilien Kölns, vielleicht der Kirche dieses Namens beigesprungen sind, ohne den Bacchus *Λυσιες* angerufen zu haben. Bei aber oder Bai heißt Bucht, und es scheint nicht nötig, einen gallischen Stamm über Rom nach Köln zu zitiren, um den Baienturm zu taufen. (Ubier, Trevirer; Hübner und Drübner).

b) Schwerlich aus so weiter, etwa römischer oder griechischer Ferne schreibt die Fehlerhaftigkeit sich her, Aachen wie klein a-chen auszusprechen, und z. B. lachen auf nagen zu reimen (siehe die Erinnerunch oben, sowie den handschriftlichen Kommentar).

c) Mit Schweigsamkeit über die wörtliche Verdeutschung von Zyniker [12]), (ungefär wie Filipp — Φιλιππος — ViehLieb) geben wir hier folgende FragAntwort:

Hündchen: „Wie schreibt sich das nützlichste der Haustiere?"

Sie: „Männinn schreibt sie sich des Diogeneshahns." —

Wie nennt Ihr dies Dorf?

„Es schreibt sich Tramsdorf."

6. Für Sprachverkürzer und Sprachmenger. [Im bessern Sinn bedeutete Mänger

---

[12]) Die Grabschrift des Diogenes auf einem in Venedig vorfindlichen Stein lautet:

Sage mir Hund, weß Mannes Gehäus du beschreitend bewachest?
„Ich? des Hundes." — Und wer war dieser, den Hund du genannt?
„Diogenes, vom Geschlecht aus Synope, welcher im Faß einst
Wohnte; doch jetzt da er starb, hat er die Sterne zum Haus."

(εἶπε κηων τινος etc. Miscelaneis erud. antiq. IV. S. 125.)

Tiersch; siehe seine und meines Mitwandrers durch Kalabrien und Sicilien, Gerhards, und meines Lands-

(engl. Monger) ursprünglich Verkäufer, vorab von Lebensmitteln — fr. manger.]

a) „Der Preis des Talgs ist heuer flau
In Lieb= Miet= Pill= und Weh' lau."

(aus F. A. Wolf's leider noch ungedrukktem Nachlass. Wenigstens hat der Herausgeber vor 12 Jahren sein Kind dahin ausliefern müssen.)

b) „Mein Ver= zu einem Besuch bei Mafrau **" (ge= und abgefertigt.)

„Mafrau," im Aachner Volksmund, ist als deutsch=französisch: lächerlich[13]), „unfreund" hingegen mild. Trefflich sind: „sich wegen" (neutr.: des verb. act. bewegen, dort und hier und weiterhin üblich), „schulden" für: schuldig sein, „anliegen"

---

manns Hagen und des trefflichen Schorn Reise in Italien. S. F.

[13]) Unsre Natursöne von der Ostsee verdross nichts so sehr in vordem deutschen und dann entdeutschten Landstrichen, als wenn, — zumal in Lotharingen — die Frau Maire (Meier) die Quartirzettel austeilte, oder gar Streitigkeiten unter Burschen und Quartirgebern schlichten wollte.

Bei einem, uns nähern Beispiel dieses Schlags sagte neulich ein Fremder und guter Beobachter:

„Wärend Madam *** auf Jagd und Fischfang ausgeht, liegt wol Herr *** in den Wochen."

für: ein Anliegen haben (einen Grund vorzuwenden Jean Paul), „sie ist gesegnet" (schwanger), „sie ist mit christlicher Gerechtsam (Wegzehrung, letzter Ölung) versehn; „meine Mutter seliger, wie haußen (contr. von „hier aussen" dem rheinischen und Göthe'schen „hüben" entsprechend, und dem „draußen" gegenstehend); „leidmütig, frohgemut, glükkhaft, bauselig," sicher auch in der Schrift willkomm; Unstand (Verwahrlosung), Söller, (noch mundgerecht; ostpr. Lucht), Kehr [schriftsäßig noch in: Rükkehr, Umkehr vorhanden], „ein rechtfertiger Mensch, ein unrechtfertiges Betragen," bescheiden und gescheidt (in Aachen, wie vordem „elend und fremd" gleichbedeutend) verdienen Anerkennung und neuen Kurs; Füßler (Infanterist [Fußvolk] Fusilier), Mitbuler oder gar Mitminner (dem Holländischen entlehnte Milchbrüder von: Nebenbuler), Menschenspiel, Weinspiel (Fülle); es ärgt ihn, den Wein plätschen; begierlich (kölnisch rachgierig); doppelsinnlich (-sinnig), wahnsinnlich, stierig (kokett) im derbsten Aachner Volkston; bestürzt (und stärker: verstürzt) auf seinem Vorteil, auf Ehre, auf alles Gute ꝛc. (schon in den Liedern des Wunderhorns anzutreffen).

Mögen diese Beispiele, die auf wenigen Geviert-Meilen dem Ohr zufällig entgegen kamen, als Anklang der Überzeugung genügen, welcher Bereichenrung unsre deutsche Schriftsprach oder (mit Möser) Buchsprache, durch Annam teils, teils durch Weiterverbreitung der Ausdrükke des Volks annoch fähig ist. Allein eine der Hauptzierden süddeutscher und rheinischer, dem SprachErb treuer gebliebner MundArten vor dem redenden Norden, und vor dem modischen deutschen Schrift- und Buchgebrauch wäre letztlich noch zu erwägen: die allgemeinre, keineswegs heruntersetzende Anwendung von: Ihr, Euer, Euch [14]). Eine Hauptzier (nicht eine der H. Z.) ist ferner die Gewohnheit der Hausfrau (zumal in Düsseldorf und den beiden Kaiser-

---

14) Erinnerung an Schweizer Sprachtümlichkeiten. Errungenschaft; Zerwurfniss (Revoluzion), beides dort vor Joh. Müller schon gedrukkt; Begangenschaft (Gewerb, Geschäft), Verleider (Denunziant, die Mitte haltend zwischen Verläumder und Verleiter, im Berner Land). „Im Kanton Appenzell, heißt: „im Appenzeller Ort;" jeder andre der schweizer größern Wasserbehälter: der See, der Vierwaltstätter, der Brienzer ꝛc., nur der größte und niederste heißt „die Bodensee." Fahren und reiten,

städten, in Aachen wie in Wien) den Gatten, besonders den abwesenden, Herr zu nennen. („Warten Sie die Rükkunft meines Herrn ab." — „Der Herr will es so." —) [15]). —

c) Nur zu komischer Nutznießung bliebe geeignet: Quälot (⏑ —, ein Aachner Quälgeist, Bruderkind der Hundsloten), Gepöpel (Pöbel), Bohei (βόειν, Geschrei), grabeln (γϱαφειν, schreiben), Botesse (Botinn, in Aachen als: Botine wie Blumine), für: ein gewisser ein sichrer Stein (le nommé), Viehfalter und Piefhalder (vielleicht Vielfalter — Falter; bräuchlicher, nicht schöner: Schmätterling), Vivatspöttchen (Weihwassertöpfchen), Kamausleder (chamois), der Stiefel geht

---

wie die Finsterlinge Rabe und Rappe haben die Bedeutungen vertauscht; „es schmekkt" sagt man für: „es riecht." Siehe mehr dieser Sprachbildlichkeiten in dem geschriebnen Kommentar.

15) Erinnerung. Wenn nach Hippel der Konsonant Frauenzimmer eigentlich nur durch den Vokal „Mann" zu Gebrauch und Ausdrukk gedeiht, so erscheint folgerecht, daſſ, — wärend man hier am Rhein eine Ungeheiratete mit „es" abfindet, das weibliche Prädikat: „sie" erst durch den Ehstand errungen wird. Nach Diodorus Siculus aber stammt die indische Sitte des Ver-

gern an (leicht), preußische Piffe (Pfiffe, pommrisch preußische Püffe). Es badet nicht (verschlägt, ausbaden; pommersch: es schnurt nicht), schmeissen (allein: prügeln, daher Schmisse), Saumagen (Liebkosungswort; das Schimfwort heißt FerkesSaumagen). Er ist gekk auf den Klüngel (erpicht auf Ränkerei, in Aachen neu um etwas). Klatschmann (Maurer), Paveier (Pflastrer), Battrie (⌣ — in Aachen: Schlägerei, Getümmel). Der Dom ist nicht in einem Tag gebaut; Malicher (male, mannicher, jeder von ihnen), Hütte (Winkel), Winkel (Krambude), Sode (Rinnstein), Pütz (Brunnen), Klotz (Kugel); oben rich und unten pfich (pfui). Adel (M***jauche). Sie ist vom alten Adler*) (beides letztre landvölklich im JülicherLand und weiterhin). Er geht laufen (Gegenstükk zu: kommt gegangen). Bist du auch laufen gegangen? Antwort: doch! (ja);

---

brennens der Wittwen von dem Trachten junger Weiber, sich abgelebter und ungeliebter Eheherrn durch Gift oder auf andere Weise zu entledigen.

*) An den Adler reiht sich die Adlernase, welche emfehlende Hervorragung hier allgemein eine churfürstliche Nase genannt wird; anderwärts Vogelnase.

„Für den Adel des Volks, nicht für das Volk des Adels" zieh ich wieder ins Feld. (Aus ältrer Handschrift.)

pfeifen (Tabak rauchen), mach flügg (flugs, alias: spute dich, σπουδίζειν); das Bämmen, Bämmeln (Beiern, Läuten — Baumeln), Plage, weiblicher Zuwuchs (Berlinisch: Bakkfisch, Wienerisch: ein Schuss), bewachsen (statt angewachsen), ich thu es nicht gern (d. h. ich thu es gar nicht), ausgekleidet (ausgeschmükkt), „sie," dritte Person des Singulars, höflichre Anrēde als „Sie," dritte Person Plurals. — Es ist mir abgefallen statt entfallen: (nämlich dem Gedächtniss), er schnappt (hinkt), Übeldranigkeit (eines verwahrloseten Menschen in Todeskamf), ein verstorbnes Kind (ein verwaisetes), abgelebt für abgestorben; in Tyrol sagt man: die abgeleibte [entfesselte] Seele, vermenscht [altes Kirchenlied], entmenscht [**Schiller**]), Hans an allen Ecken, heißt in Aachen: Mäuler (Plaudrer), an allen Thürstielen (Thürgestell, Besenstiel), in Wien: „Peterle — (Peterchen und Petersilie) — Peterle auf allen Suppen;" ekkers (nur), obrükk (auf — zurükk), schagrinisch (vielleicht von: grinen, weinen, also weinerlich), arg mitleidig (sehr), befroren (statt gefroren, erfroren, erstarrt), dikk (oft). Beide nagen an einem Knochen (haben eine Geliebte) ꝛc. Verpaaren indeſs für paaren erscheint im ernsten Wortsinn störend, weil ver- häufig auf schlimmen Nebenbegriff hinweiset, wie z. B. in: Er hat sich verheirathet (statt er hat, oder öfter noch: er ist geheirathet*). Allein jeden denkenden Beobachter muss mit gerechtester Verlegenheit erfüllen, im Munde des Volks hier die Ausdrükke Freiheit und Frechheit, frei und frech verwechselt zu finden; wie man denn statt der Begriffe: „Recht und Unrecht" häufig die Umschreibung vernimmt: „es ist gegen die Gesetze." Wir brechen ab, indem der Aufsatz zu Stil und Rechtschreibung übergeht. Rechtschreibung aber und Schönschreiberei gehören in weitrer Bedeutung gleichfalls zur Kosmetik einer Sprache.

---

*) Die DüMontsche Zeitung würfelt der und welcher untereinander und schreibt: Pläne, Unglükke, Verlüste, Wägen; in etwa, unerläßlich statt unerlässlich; Admiräle, Arsenäle, Sensäle und mehr dergleichen Äle; „verpaaren," Leute worauf man Acht hat." — „Von was soll er leben?" rc. Den Stilum orientalem in Berichten über Festlichkeiten der Vaterstadt Köln, der zu dem Hauptstükk des verkehrenden Luxus und schwülstiger Entbehrlichkeiten gehört, könnte man gleichfalls zu den obigen komischen Eigentümlichkeiten zälen. Anm. d. Setzers.

Nachlese
von lesbarem Ungelesnen [17]).

Wahlspruch:

„Nicht Logik, nicht die austrokknende Mathematik, nicht die Skala römischer Rechtsinstituzionen, wie du früher wolltest — Sprachlehre ist die wahre Propädeutik."

(Auszug ältrer Handschrift.)

Zur vergleichenden Sprachkunde.

II. Probe eines Sprachunterrichts
(vorab für Knaben).

J. H. S. (vinces).

A. Die römische Zunge, wie der Geist des Volks, kannte nur eine Tugend: Männlichkeit*) (virtus). Die Begriffsbestimmung Jungfrau finden

---

*) „Mut ist jeder Tugend Quell." Herder.
(Ausbildung der Tugend des Muts; Freimut, sei Wesen und Werth.)
Französischer Gegensatz: Unser Mut ist Furcht vor der Schande." Voltaire.

wir in jener Sprache nicht, sondern dafür die Tüchtige, die Männinn, virgo. Tritt diese aus der Enge der Weiblichkeit handelnd dem Mann gegenüber, aus der Mitleidenheit zur Selbsttätigkeit, so haben wir eine *virago;* einen Schritt weiter: von der Leidenschaft zur Tätlichkeit — das Manns-Weib**) †††.

B. Versuch mit änlichem Begriffkreis im Französischen (für gemischte Schulen).

a. Femme [fömina] — Dame [Domina] — Fille [Filia]

1. Frauenzimmer, (Frauenbild).	Frau, Hausfrau;	
2. Weib, auch im schlimmen Sinn Weibsbild, Weibsstükk, das Mensch.	Voilà Madame, hier meine (die) Hausfrau!	Tochter; Mädchen*).
3. Männinn**), Gattinn.	Elle est Dame, sie hat geheirathet, oder sie ist verheirathet.	

**) Sträuben wir uns wie wir wollen, das römische *vir* ist unser Wirt, welches Wort ehedem Hausherr und Bürger (homo sui iuris) bedeutete.

*) Ungleich dem Mädchen, das bald zu den Erwachsnen

sämmtlich im Französischen weitre und daher ärmre Begriffe als im Deutschen.

b. Umgekehrt: Vierge (Virgo), Demoiselle (Domicella -cella deutet auf [Frauen]-zimmer), Pucelle (puella!!) = Jungfrau, Jungfer (wie 3 zu 1 oder zu 1½.)

C. Blut und Blüte als nah verwandt: bluen (blühen), bluen (bluten), Geblüt, geblüht, blut-jung. Jungfräulich Blut, verlorne Blüte. „Rosenblut" bei den Minnesängern (-sängern). „*Que bell' sangue* *), wie blühend!"

übertritt, hat im Leben wie in der Sprache der Knabe einen langwierigen Zwischenstand zu überwinden: die traurige VerpuppungZeit der Flegel-, Schlingel- oder Bengeljahre, welche recht eigentlich zu Fleiß, strenger Zucht und Vorbereitung, nicht zum Genuss, geeignet sind.

) Den selbständigen Begriff: „Mann" hat das Französische so wenig als den Ausdrukk: **stehn. „Fraumensch" im guten Sinn, noch jetzt von Aachen zum Rhein, „Geliebtes Mensch" im zärtlichen, noch bei Opitz vorkommend.

*) Einer der reichsten Leute in Rom mäßigte sein eifersüchtiges Blut so wenig, dass er, statt, bemitleidend, die Untreu seiner ausbündig Schönen zu vergessen, ein würdig Denkmal blühenden Alterthums, ein blühend-naktes marmornes Frauenbild, voll Wut verstümmelte. Sofort erklärte ihn die öffentliche Stimme für

(Für Knaben- und Mädchenschulen.)

D. Courage, von courir, — laufen, Zulauf — oder von Cour (z. B. faire la cour) *Wahl*. Kur

---

wahnwitzig; er durfte nicht vor die Thür, denn Kunstschwärmer aus dem gemeinsten Volk umschwärmten drohend seinen Pallast. Dies wärte Jahre lang und wenn der Übermütige noch lebt, so fürt er lebend sein seitdem eingezognes vernichtetes Leben ohne Zweifel noch halblebend fort.

Bei uns Nördlichern, und wol überall wo sie vorhanden ist, steht die Natur *über* der Kunst; jene ist die ältre Schwester. Bei uns gelten, wenn nicht zum Schutz der Kunst (leider nur so fern sie *öffentlichem* Denkmal sich vermälte), wenigstens zum Schutz der Natur strenge Gesetze. Was lange Dauer zu seinem Gedeihen braucht, wie die langsam schnelle Frucht des Genius, muss beschirmt werden, schirmt es doch uns selbst.

In allen geordneten Gesetzbüchern sind harte Strafen gegen Baumschänderei dem *Einzelnen* angedroht. Welche härtre Strafen verdienen *Behörden*, die änlichem Unfug die Hand bieten?

Als die Franzosen am Rhein waren, sorgte man dafür, dass die schöne Baumreihe, welche vormal sich von Köln nach Bonn erstrekkte, den Zerstörunglustigen angewiesen wurde, „weil die Allee ohnehin beschädigt war."

Als neuerlich das Projekt aufkam (*den Plan* würde man unter andern Umständen sagen) die Fahrstraße auf St. Apern und an den Aposteln umzuändern, hatte man nicht eiligers zu thun, als die alten Bäume umzuhaun; „sie waren ohnehin zum Teil krüppelhaft."

(Churfürst *), küren **), Willkür. Mut, deutsche Wurzel (siehe oben Herders — Balde's? —

Die Wahrheit zu gestehn, ein Fahrweg rechts, der andre links, wie häufig in großen Städten, z. B. in Wien und in Dresden, wäre eine Zier der Gegend und Kölns gewesen; eine Reihe der Bäume, die an den Häusern, hätte jedenfalls geschont werden können; — und — zum Teil verkrüppelte Bäume sind besser als gar keine.

Submissionen zu Herstellung der UlmenAllee zwischen Köln und Bonn, und zu Wiederbepflanzung der Aposteln- und St. Apernstraße werden — auch von den betreffenden Behörden — in der Expedizion des Verkündigers angenommen.

*) Vorzeitlich. Nicht allein die Gegenwart; wie die Zukunft, hat auch die Vergangenheit ihr Recht. Pietät. Die Zeit, kostbarstes Gut.

„Nicht die fliehende zum Freund,
Nicht die bleibende zum Feind." Schiller.

„Die Zeit ist mein Besitz, mein Akker ist die Zeit."
Göthe.

„Daß ich lebe, ist nicht nothwendig, aber daß ich tätig bin." Friedrich II.

**) „Ich küre mir kein ander Land! Kloppstock.

(Bei solchen Mahnungen mit pp zu schreiben.)

„Sie quamen (die Franzosen) flügg über den Rhein
Die schönste Klöppe brachten sie heim."
(Kölner Volkslied, 1794.)

Der erste deutsche Kaiser (Karl) pflanzte, wie Vieles anders, die erste Burgunderrebe am Rhein, und festigte

golden Wort!) Gemüt, ein Begriff, nur bei den Deutschen volksthümlich.

E. Captivus gefangen } nach jenen Südsprachen
cattivo schlecht }
also, wenigstens zeitfolgend, Entwürdigung und Bösartigkeit durch Unfreiheit. Republik heißt: Gemeinwesen, Gemeinwol *), das

---

mit Mehrerm den Wochentagen die Namen, welche sie noch tragen.

* * *

Wenn Karl der Große sich der Wissenschaften annam, so gelangte sein Reich eben durch sie, wie durch Gesetze und Handel und Siege, zu mehrerer Aufnam, zu mehrererm Ruhm. — Wo ein Staat fiel, war Wissenschaft beinah das einzige Mittel, Tirannen zu zämen und sie wenigstens zum Schein der Menschlichkeit zu gewönen. Herder.

*) *Τυραννος*, Jemand, der (zum Nachteil des Gemeinwols oder nicht) unrechtmäßige Gewalt an sich gerissen

* * *

Fortlaufende Bemerkungen.

16) Der Strom vieler Jahrhunderte, die Menge der Stämme unsers Geschlechts, sind vorübergegangen: was lehrten sie? Dass Alles seine Zeit, sein Schikksal, dass nichts Vollendung, nichts unerschütterliche Dauer hat; auf dass der Mensch die Zeichen der Zeit kennen lerne und nach

Wort: Freistaat ist doch wohl nur allein bei den Deutschen heimisch, wie res publica auf Öffentlichkeit hinweiset *). Föden ist das alte Wort für

hat. *Usus est tyrannus.* Nach der Lehre der Alten von der Verdienstlichkeit des TirannenMord's mindestens die Plicht, sich in möglichster Balde loszusagen von der rechtlosen Gewalt, von dem Unfug des Sprachtirannen (U-sus!)

*) Rathfragen (er rathfragt, **Kraus**), wahrsprechen, wahrsehn, (er wahrsieht, **Staegmann**); (wahrschaun, hier am Rhein im Volk gangbar geblieben, warnen.)

denselben den Bau seines Schikksals treibe, nicht versinke im Unglükk, im Glükk den Übermut scheue und nie schlaftrunken vom Zauber der Gegenwart vergesse, dass eine Zukunft ist. Was wissen, was träumen wir über diese? Was ahnen die Väter vom Lande der Seelen, ihren Wanderungen, ihrem Wiederkommen? Der Ausgang des großen Schauspiels selbst — wird er fortschrittweise aufwärts laufen, bis der Weltschauplatz dem Geist zu eng wird, — oder von goldnen, silbernen, ehernen Zeiten schmälich hinab in Moder und Schlamm, der Erhaltung unwerth? Der besste Beweis unsrer ewigen Dauer ist in uns; das ewige Leben, sowie Gott, fült sich: so wenig Hand oder Fuß erwiesen werden, so wenig jenes von sich selbst Zeugende. — In allen Geschäften und Wissenschaften ist wahre Aufklärung nichts an-

Futter, woraus: feudum, feudal, Feudalist (nicht Feudallist), Feudalsistem, feudalistisch, und mehr dergl. Barbarisches entsprang. Fürst von füren, oder von: vor, voran, vorder, vorderst, fürderst (furistin, altfränkisch: erstens; first im

---

ders als richtige Bestimmung der Verhältnisse der Dinge. Falscher Wahn und Gedankenlosigkeit sind beide ihr gleich zuwider. Keine auf Ordnung und Kraft gegründete, auf Dauer und Ruhe berechnete Regierung darf sie fürchten; ihren Missbrauch nur ungeschikkte Regierungen, welche nicht Schritt halten mit ihr, oder die sorglosen, denen sie Nebensache scheint. Johannes Müller.

*⁷) „Die drei größten Übel, welche die Menschheit heimsuchen können, sind: Despotismus, Aristokratie und Anarchie." Der Zeitungs-Lafayette.

Nach den bewärtesten englischen Publizisten, des weltbeherrschenden Eiländchens, welches uns an bürgerlicher Gediegenheit, vom Kohlenträger bis zum Pär, vom Friedensrichter bis zum Kanzler eine beschämende Überlegenheit zeigt, — nehmen Brittaniens Freiheiten folgende Rang-Ordnung ein: 1] Preßfreiheit; 2] das Genossengericht; 3] die Parlamente und Öffentlichkeit der Verhandlungen; 4] der Fug der Kirchspiele und andrer Körperschaften zu unmittelbarem Gesuche beim König (das Petitionsrecht); 5] Verantwortlichkeit der Minister; 6) das Institut der

Englischen der Erste): First oder Forst am Dach, das Oberste; sonst, als Waldung, vielleicht das Ursprüngliche bezeichnend. Zu verdeutschen ist patriä pater, pratronus aber nicht. Rex heißt Regler (unserm „recht“ verwandt).

Friedensrichter, und daſſ alle PolizeiGewalt nur von ihnen ausgeht. —

Wenn ein Lafayette, vom Umsturz noch nicht gesättigt, die Belgier zum Aufbau zweier Kammern antreibt, so muſſ dies uns Andre, da wir in König, in seinem Rath und in der Volksvertretung, bereits eine Dreieinigkeit erblikken, gegen die Lehre des Teukrers vorsichtig machen. Zwei Kammern eignen sich für Republiken, oder für Staaten, bei welchen sie im Hindrang zu diesen aus blutigem innern Parteikamf von einem herrschenden Adel, von dessen verschlingenden Reichthum und den Vorrechten der Erstgeburt unterstüzt hervorgingen; nicht für Länder, die durch äußre Kriege sich gestalteten und wo Volk und König unverbrüchlich aneinander hielten. Die altehrwürdigen Verfassungen Kastiliens, Navarras und Aragons hatten in ihrer bewundrungswürdigen Ausbildung und bei woltätiger Beschränkung des Königthums nur eine Kammer. Zwei Kammern, jezt noch, und für die Volksvertretung, statt des Maßes unsers Vertrauens, das (jüdische) Maß der Zinsgroschen einfüren, sind — den gelindesten Ausdrukk zu brauchen, — Halbheiten.

F. Matrona, letztlich bei den Römern örtliche Schutzgottheit (πολιας, παλλας) zeigt schon den Übergang zu

Madonna (pater patronus, mater matrona) Mutterliebe, als Ausfluss der reinsten, uns zugänglichen Liebe, ein der reformirten Lehre überlegnes Symbol.

Religion, Glaube *). — Gottheit, Gut-

Uns vom Halben zu entwönen
Und im Ganzen, Guten, Schönen
Resolut zu leben. Göthe.

(Vielleicht schieben wir hintendrein einem hinkenden Postkamrad noch etwas Politisches in die Schuh.)

*) GesammtÄußerung, Urkraft des Gemüts, Wiederverein aller getrennten geistigen Vermögen, nach den siegreichen Streitschriften **Fr. H. Jacobi's**, der zu Pempelfort bei Düsseldorf lebte.

Die Religion setzt sich neben den Thron des Despoten, damit er sich zur Seite etwas höhers erblikke, als er ist, und wenn nichts auf Erden ihn einschränkt, wenigstens der Himmel ihn einschränke und ordne. — Durch das Licht (der Wissenschaften oder Aufklärung) kam der Fürst wie das Volk) aus der Gewalt der Pfaffen und ihres Banns, und aus dem des schändlichen Bekehrungs- und VerfolgungsGeistes.) Herder.

„An die Transsubstantion und an die Himmelfahrt des

heit. Christlicher Glaube; Versönung, Süne durch den Sohn.

Heilandes glaube ich fest und unverbrüchlich; aber mit Leibnitz glaube ich daran als an ein Symbol."
(Aus ältrer Handschrift.)

„Die preußische Verwaltung hat das Landrecht im Großherzogthum Posen wieder eingefürt und Frankreichs Code de procedure dort beibehalten. — So bin ich wenigstens zur Hälfte den Lehren des Lutherthums ergeben und mit wahrer Überzeugung dem Kult der katholischen Kirche zugethan.
(Aus neurer Handschrift Curials.)

„Es ist weniger daran gelegen, was der Mensch glaubt, als dass er glaubt." Fr. H. Jacobi.

„Lügen und Romane müssen wahrscheinlich sein, aber nicht die Wahrheit und die Grundlehren unsers Glaubens!"
Hamann.

Hamanns Schriften:

Sybillinische Blätter des Magus in Norden.

Brockhaus in Leipzig. 1829 [erster Band].

16) Dem zweiten Band ist bisher von den Verehrern des riesenhaften und doch so liebsamen Geistes, des gottgeweihten Sehers, des leitenden Gestirns nachgereifter Lieblinge unsrer Lesewelt, welche den Reichthum Hamanns beerbten, leider vergeblich entgegen gesehn. Vielleicht dass der seltsame Titel dieser kernhaften Auswahl aus des Königsberger Orakelsprüchen, dem Verbreiten der kleinen Schrift wesentlich geschadet hat, denn die bändereiche Ausgabe der

Christliche Kirche (ὑερος, αρχειν „Gottwaltei") **Bekenntniss** {apostolisches / evangelisches}, **Spaltungen, Sektenwesen** oder vielmer **Sekten-Unwesen.**

Hamannschen Werke durch den Herrn Amtsbruder Roth in München, hat einen hinreichenden Absatz gefunden. Sie ist für größre Büchersammlungen berechnet, wärend die Brockhaus-Cramersche Ausgabe in ihrem zierlichen Äußern, mit dem Bildniss des großen Todten und dessen Lebensbeschreibung ganz für den häuslichen, man möchte sagen: täglichen Gebrauch geeignet erscheint. Ächtes, deutsches Schrot sollten nicht müde werden, Hamanns Schriften unsrer aufstrebenden Jugend immer von neuem zu emfehlen. Er liegt zu Münster im Garten der Gräfin Galliczin begraben, und hatte in seiner männlichsten Reife unter dem großen König im Staatsdienst dahin gebracht, dass er vom Kanzlisten zum PakkhofInspektor befördert ward.

Göthe, Herder, Kant, Heinrich Jacobi, Jean Paul, Hemsterhuis rc. schildern in ihren Schriften den gewaltigen Einfluss dieses erhabenen Sonderlings auf sie und Andre, der nichts unter seinem Namen, vieles nur hinter EntbindungsAnzeigen, Versteige-

III. Aus der Heimat über die Fremde in die Heimat.

(Deutsche Wörter, welche wir vom Ausland verschlechtert zurükbekommen haben; reumütige Wiedereinwandrer.)

1. Die deutsche Zitter (warum Zyther? Die Liebesgöttinn erfand sie nach der Mythe nicht). Die Zitter fuhr auf Reisen. Welschland mit neuer

---

rungskundmachungen und Brottaxen drukken ließ. Hamannliches: „Die Keulen für das Volk, die Knochen für die Hunde.“ — „Die Unersättlichsten sind immer die Unfruchtbarsten.“ — „Die Gottseligkeit soll kein Schnürleib sein, sondern ein Harnisch.“ — „Wer Schmeichler zu entbehren weiss, ist werth, Freunde zu haben.“ — „Schäme dich weniger deiner Fehler, so wirst du dein Gutes mehr mitteilen können.“ — „Satyre, die Läusesucht des Witzes.“ — „Pedant und Stutzer sind Entwikkelungen einer einzigen Grundlage. — „Die Tränensaat einer Nacht verwandelt sich oft in ein Ernte- und Weinlese-lied des darauf folgenden Morgens.“ — Die besste Kunst zu regiren gründet sich, wie die Beredsamkeit auf die Sittenlehre. Die Wahrheit allein kann uns frei machen.“ — Durch den Handel ist dasjenige allenthalben, was irgendwo ist.“ — „Wenn eine Stadt nicht mehr als einen rechtschaffnen Bürger in sich schliessen möchte, so sind die Gesetze seintwegen gegeben, und die Obrigkeit seintwegen einsetzt.

Bespannung durchstreifend, ward sie Chitara geheissen; widerwärts in Gallien Guitarre, unter welchem Namen sie incognito nach Deutschland zurükkgekommen ist.

2. Eben so kehrte der deutsche Sarras, nachdem er unter Galliern und Sarmaten verbogen und gekrümmt worden, als Säbel heim; der Spaden aber, den man in Gallien Epé, Espada in Spanien, in Wälschland Spada wiedertäufte, ward in der Heimat ein gleich nützliches oder nützlicheres Rüstzeug, ein Akkergerät.

5. Geschwader, ital. Esquadra, fr. Esquadre und *Escadron*; Schwadron.

4. Späher (spähen, espiare, êpier) Espion, Spion.

5. Bestallen, einstellen: installer, installiren.

6. Handten, handhaben, hantér*), hanthieren**); und mehr der Spielart***).

---

*) Dis moi que tu hante, et je te dirai, qui tu és. (Altfranzösische Sprichwörter.) Hierher gehören noch das seltsame Schenk-age (der Fastage, Lecage und Grablage nachgeformt) am unhöflichen ReimEnde des alten Handwerkgrußes der Töpfer(Hafner). Gärtnirer statt KunstGärtner rc. und die Verba, welche auf das römische oder franzische: iren (nicht ieren, auslaufen

Beirath. a. Die Sucht, möglichst ausländisch zu erscheinen, schreibt in ihrer Unwissenheit „Kathegorie," „authentisch" ꝛc., (schreib:

---

z. B. schnabliren, spintifiren, schattiren (schatten), regiren.

) Handthierung[12]) [HandThierung u. Hand? Thier?] noch bei **Kant [J. Kant's politische Meinungen 1794 ächtes Gold], Werkübung. Herders Adrastea.

***) Mehr leichtfertige als rechtfertige Vindikazionen.

Soif (Soff), Grande Soirée (große Sauerei), entrecote (unterkötig), Sauce (Jauche), Grosfierélé (Großheit), Rébelles (Widerbeller), trembler (trampeln), traiter (treten), installer (aufstallen), Institut (Gestüt), pour d. jeunes D. — blasé (geblasen), rétrograder (berükken) — blasé (zerrütet). Bei Fr. v. Stael, vorab in der Corinna, und bei andern Neurern vorkommend, scheint wirklich dem Deutschen entlehnt.

Kants Tischreden.

*9) 1. Bei einem Festmal, wo nach altertümlicher Sitte in bunter Reihe dem Sitz für Denjenigen der Sitz für Diejenigen folgte, erwiederte auf die Frage der blühenden Nachbarin: „Warum er nie geheirathet?" nicht vorab dem Witz gebietend, der bis dahin etwas schweigsame Königsberger Weltweise zum Teil mit den Worten Abrahams a santa Clara: „Wie oft ich mich nach einer Lebensgefärtin umsah, drei Tugenden und drei Unterlassungen fand ich nie mitander vereinigt, denn ein braves Weib muss

Kategorie, autentisch, Partei 2c.), da doch die griechischen Wurzeln dieser Wörter mit einem t, nicht th geschrieben werden.

---

gleich dem Echo sein und nicht, sie muss sein wie eine Turmuhr und nicht so, sie muss wie eine Spinne sein und nicht gleich einer Spinne. Hören Sie: — sie muss der Widerhall meines Wesens sein, aber nicht das lezte Wort behalten; sie muss pünktlich sein und zur rechten Zeit gehn, aber weder der ganzen Stadt sich kund geben noch schlagen; endlich: sie muss spinnen, aber nicht Neze stellen."

2) Ein Wandrer in fernem Land kam nach mancherlei mystischem Begegniss an eine Brükke, welche die seltsame Aufschrift fürte: „wer dem Färman die Wahrheit sagt, „wird ertränkt; wer hier aber eine Lüge sagt, der wird gar gespiesst."

Unser Waller überlegte. — Endlich wollte er sich zudrängen, ohne ein Wort zu sagen. — Ein Ruderschlag belehrte ihn, dass es noch andern Ausweg geben müsse. Er sezte sich traurig auf das blumige Ufer des Stroms und sann von neuem. Endlich sprang er auf mit Frohlokken, und indem er dreist auf den drohenden Charon anging, rief er aus:

„Ihr werdet mich spiessen!"

(Unsre Leserinnen mögen zusehn, ob der arme Pilger über das Wasser gelassen ward.)

b. Aus Bohrquellen, welche in der Provinz Artois zuerst aufkamen, haben deutsche Zeitungschreiber kürzlich „Arthesische Brunnen" gemacht. Ältres Widerspiel: Austrägal-Instanz (von Austrag, schiedsrichterliche Meinung), morganatische Ehe (von *mo'r ga nat*, „der Mutter geh nach").

IV.

Ein geübtes Ohr bemerkte wärend dreier Tage in Paris folgende Wörter, welche, wie mehr der Fälle, der Franzose vom Deutschen überkommen hat.

a. Colsat (Kohlsaat), Potasse, Chenapan (Schnapphahn), Canapsa (Schnappsakk), Valise (Felleisen), Chourcrout, Gargotte (Garküche), Marechal, Marcgrave, Boulevard (Bollwerk), Char à banc (Bank- oder Sitz-Karn).

---

3. Als Kant, der bekanntlich keine andre als seine Vaterstadt kannte, sich mit der größten Genauigkeit über die Örtlichkeiten der päpstlichen Metropole verbreitete, fragte ein Fremder: „Um Vergebung! Sie sind in Rom gewesen?" — „ich nicht," war die Antwort, „aber mein Großvater hat hinreisen wollen."

b. Salle, Halle, Hutte, Rang, Bâtard, Rancune (Ränke), Ambassade (Ambacht), Éperon (Sporn), Étape (Stapel), État, Escarpe (Schärpe), Bourg, Marquis, Grimasse, Alarme, Groupe, haranger, crier, feindre, Jongleur (Gaukler), Bande, éblouir (blüffen), Fat (fade), hâter, trinquer, Emeute (Meute), Guerre (Wehr), Esquadron, Soldat, Pique, Lance, Epée (Spaden), Sabre *), Halte, — Meurtre, Echevin (Schöppe, Schöffen — [Bischöfen, Beischöffen?]), Peine, Masque etc.

c. Sammedie, Bal, Biére, Rôti (Rostbraten), Flûte, danser, walser, Bosquet, presser, Lacune, Fenêtre, pisser, Forêt, Croupe.

d. Mer, Isle, Harenge, Chanvre, Poix, Mât,

---

*) Obige Beispiele beweisen, dass wir wenigstens nicht alle Ausdrükke im Kriegwesen, und die wichtigsten nicht aus dem Französischen entlehnt haben. Dagegen würde man sich wol vergeblich abmühn, für folgende, nur im Stegreif spärlich einfallende französische Worte dekkende Übertragungen im Deutschen zu finden:

Kabale, Etourderie, frivol, scharmiren, Insolenz, Ostendenz, Intrigue, mystifiziren, strapaziren, Mode, Prüderie, Persiflage, Schikane Schaffot 2c.

flotter, Prix. Fastage, Lécage, êpargner, Moulin, Estampe, Paquet, Canif (Kneip), Epingle (Spängler, Spange), hanter, saubre (sauber, nüchtern), franc, brave, Garde (Warte), Marais. Ecrevisse, Crapule, roder, Jardin, Esparge, couter, quit (wett), Bouc, Chat, Rat, court, rond, Manteau, Pelisse, bleu, brun, gris, clair, blanc, fin, riche etc.

Nachtrag

1. (Zuerst aus Hrn. A. W. v. Schlegel's ausgezeichnetem Sprachschatz gütevoll mitgeteilt.)

Wärend in keiner der andern römischen Tochtersprachen die Wortfügung „man" als unbestimmte dritte Person beim Verbum vorkommt, sondern durch das Passivum oder durch „si, se" (sich) ausgedrukkt wird, zeigt allein das Französische, jene dem Deutschen entlehnte Eigentümlichkeit. On wurde, nach frühesten Urkunden, anfänglich (Om) homme geschrieben und „man" ist: Mann.

2. Sauter aux yeux; — courir danger; —
In die Augen springen Gefahr laufen
trainer en longeur.
In die Länge ziehn.

Voix abbatue — niedergeschlagne Stimme; casser la tête — den Kopf zerbrechen; édifier quq. Jemanden erbaun; letzteres jedoch wol gemeinschaftlich der römischen Kirchensprache entlehnt.

3. Ungeschikk, beinahe gleich dem Missgeschikk; wie das Herdersche missbeholfen (mit welchem Beiwort der Deutsche das spätre Alter Ludwig des Gepriesnen bezeichnete) dem gebräuchlichern unbeholfen nah' kommt.

4. Volkstümlichkeit in der Russ. Piliar, nehmen ohne Unterschied und Hemmniss, pilier (plündern), piliar fresco, frische Luft schöpfen.

5. Wie der Deutsche, dem Obigen zufolge, der gallischen Nachbarschaft spendete, so tränkte seine sprachliche Überwucht einst Rom mit neuen Quellen. Aus dem Fenster (die Römer hatten, wie man u. a. an Pompeji's Trümmern wahrnimmt, selbst in ihren Wohngebäuden kein Fenster) — aus dem Fenster (fenestra) bezeichne ich (significo — ego), der Nase nach (nasus), fingernd (fingens), Kühe und Gänse (Kanae, Gantae, Columella VI. 29. Fortunatus),—auf Karren und ihr Rad (Karruca, zeltisch Carrosse), Rada (Rad, reiten, d. h.

fahren) Hor. serm. 6. 42. Mart. IV. 47. Die Wäsche wird mit Seife gereinigt (Sapo, nach Plinius dem Deutschen entlehnt). Der Fischer bringt einen Salm (Salmo. Auson. Mosella). Alte Waffen hängen in der Vorhalle oder sind abgebildet: der Spaden, Pfriem, die Lanze (Espada, Tramea, Lancea) und mehr noch bei Tacitus, Strabo und Plinius.

6. Auch der Deutsche borgte bei fremden Völkern. Lakei, Pikenik, Toast (Toast) sind persische Wörter (v. Hammer, v. Arndt**). — Bisa altfränkisch (Beize, Böse), Sturm; franz. Bise (Windsbrut); in Oberitalien Bora (Nordsturm Boreas); Borussia, Land des Landsturms, der Völkerbeize.

V*). Wie beim Übergang der Wörter aus einer Sprache in die andre sich die Bedeutungen mitunter verschieben, zeigt sich an folgenden Beispielen:

a. Λυκος dem Klang nach Luchs, dem Begriff nach Wolf.

**) Über Urspr. und verschiedenartige Verwandschaft Europ. Sprachen, v. Arndt, herausgegeben von Klüber, Frankf. 1818.

b. Vulpes dem Klang nach Wolf, dem Begriff nach Fuchs.

c. Populus heisst Volk (Vulgus) Volk heisst Populus (Pöbel); Volk ist zu Ehren gekommen, Populus zu Schanden.

d. Ignorer, auf deutsch: nicht wissen; ignoriren auf französisch: feindre d'ignorer.

e. Protester dekkt nur teilweis die Bedeutung von protestiren, z. B. protester de sa foi.

f. Curieux heisst nicht kurios (wunderlich), sondern neugierig.

g. Nett, sauber; saubre, nüchtern.

h. Akademie, bei den Griechen das Lehrgehäg der Weltweisen, neuerlich bei Franzosen, wie bei deren Nachbetern und Nachtretern (traitres) auch ein Tummelplatz umherziehender Gaukler.

---

*) V und VI unter einem Vorwand durch den Herausgeber des kölnischen Korrespondenten dem Herausgeber dieser Schrift Anfangs November 1830 abverlangt, sind nicht wiederzuerlangen gewesen. Er verwahrt sich hiedurch, doch nur wegen der vergleichenden Skala unter VI, gegen etwanigen literarischen Diebstal.

i. tadeln heisst blamer; blamiren heisst prostituer quelq.

k. Raisonner heisst räsonniren nur sofern opposer damit verknüpft ist, sonst nur vernünfteln. (Eigentlicher unterscheide: raisonner von resonner, wie sauter und sotter.)

l. „Le Duc De Cases a déserté sa place," kann man nicht übersetzen: der Minister ist von seinem Posten desertirt.

m. Jedes Wort ist nicht Parole. Ebenso die Bedeutung von Contenance (Inhalt, Anstand, eben sowohl als: Fassung); am auffallendsten aber ist

n. Spectakel, in allen europäischen Sprachen etwas, was zu sehen ist; nur im Deutschen, widersprüchlich mit seiner Ableitung: etwas, was zu hören ist.

VI. Änliche Begriffe in unterschiednen, d. h. immer noch verwandten Sprachen bilden änliche Laute.

1. Die Urwohner unsrer Vorsten (Forsten) emfingen wir in folgender Kette:

Uhu, Ur (Büffel / UrOchs), Ours, ursus, sus.

2. Sprosse, Rose. Gulghul
Sprosser (Singdrossel), Rossignol. Bulbul
(Rose / Nachtigall) türkisch. persisch? indisch.

3. Leber. foie, Leber } ἧπαρ, bei der die Griechen
Leben. foi, Treue } schwuren (moi foie).

4. Staat (Zier) mundus κοσμως.
Staat mundus, Orbis κοσμως.
Stadt Urbs.

5. Recht. Droit. Jus } beides ursprünglich von:
rechts. á droit. juxta } jungere. (Praw / prawa) polnisch.

6. Frucht. fructus.
fruchtlos. frustra.

(Freunde werden leicht den goldnen Faden noch durch andre Sprachgewebe verfolgen; in einem Heftblatt war man nur auf den eignen Wurf beschränkt.)

* * *

Coda. Nord und Süd.

Nach indischen Überlieferungen entstand der erste Mensch (männisch) Adimo, auf das Gebot eines

Engelwesens. Adam nach der Schrift aus einem Erdenkloß (Kolosſ). „So die hilge Kuh den Schnee weglekkte, kroch alsbald der erste Mensch herfür.“

EDDA

	Edda	Gründer	des	irdischen	Paradieses *).
Adam	Eva			bürgerlichen	
Hengst	Horse				

---

*) Sonstige:
Manus in Indien.
Manes in Lydien.
Menes in Ägypten.
Minos in Griechenland.

* * *

Der Name eines der einfachsten Bedürfnisse (fette Milch) in seiner Ursprünglichkeit nach den örtlichen Aussenenden Deutschlands gewiesen, gestaltet räumlich sich, wie folgt:

Königsberg, Schmand.

Hannover Berlin
Sahne (sanum)

Trier
Schmand

Warschau
Smitewka

MittelDeutschland

und nach der Schweiz hin

Rahm, Rohm, Raum

Wien, Schmetten.

VII. Mit neuem Athem.

Um es gleich „von vorn herein" zu erörtern: der wesentlichste Vorzug deutscher Muttersprache ist nicht Nachdrukk, Kürze (**Klopstock**) nicht allein Reichthum, Bildsamkeit, er ist Sprachsinnigkeit, SprachSinnlichkeit; die unsre ist die gerechteste Mitbule des Griechischen in jedem Belang. Beispiele dieser sinnlichen Sprachanschauung liegen nicht fern; das Andre der Vorzüge folgt aus ihr; von jenen hier nur Einiges:

1. Urteilen (in seine Urteile zerlegen), unterscheiden, vergleichen, entspringen (Ursprung); Rath schlagen, Mut fassen, wahrschaun (warnen), vernehmen, einen Einwand aufwerfen. — Er zweifelt mich an, ihn schülert, er metscht toll, **Fr. Aug. Wolf.** — Denkerei, derselbe; (Schreiberei, ostpr., hier Schreibstube). Angelegenheit, eine Sache, an der liegt; Müßiggang, Laufbahn; Mutterwitz (erzeugende Quelle der übrigen Seelenkräfte); Krieg (von krigen, langen, erlangen); Zerwürfniss, Vermessenheit, Vorschein, Willkür, VollEndung, StegReif, beredsam, besessen, wolfeil; rechtschaffen (schaffend), vornehm (der vor Andern nimt); ein bischen (Bisschen, daher auch ge-

mein, „ein wenig"); Schwärmer (von Schwarm; der Deutsche hat nichts anders für Fanatique); Leidenschaft, was Leiden-schafft; Schwachheit — malerischer: Hinfälligkeit, Dein Nam ist Weib." Das weitschweifig horazische „Agitatur ingens pinus, feriuntque summos fulgura," geben wir mit dem einen Wort: vortrefflich*).

---

*) Die Parodie der obigen Beispiele kleide sich in „Lucus a non lucendo." Z. B.: Fenster von finster; siech von Sieg; Possen von passen; brav von pravus wie caldo von kalt; Nothzucht statt Nothunzucht; Kosten gleich Unkosten; Gewitter und Ungewitter; Diener und Bedienter; Fixsterne (Veste, Himmelveste), fixfingrig; (beweglich) bewegliche Feste. Zau dich (eile dich, niederrheinisch) von zaudern &c.

So sagen auch ganze Redensarten das Widerspiel von dem, was man damit ausdrukken will, z. B.: Hinter die Wahrheit kommen. „Dahinten (dahinter) sieht man ihren Rükken und was weiter unten befindlich ist." Oder: „dahinte$^{n)}_{r)}$ ist man nicht mehr in ihrem Bereich;" oder: „so ist sie umgangen." Sie erregt meine Neigung. Er spricht durch die Nase, d. h. nicht durch die Nase. Sie ist nicht unübel; der Eingang ist verbotwidrig. Er ist ziemlich grob, für:

2. Wie zwischen zwei Punkten zu der einen geraden Linie beliebig viel krumme denkbar sind, so stehn dem Begriff: gut, die Ausdrükke: schlimm, böse, ungut, wahnschaffen *), schlecht, arg, übel rc. gegenüber.

3. a. Für Studenten.

Man hat viel Schönes über die Schönheit unsers Wortes „Liebe" gesagt.

„Auf der Liebe leisen, linden Flügeln" (W. Schlegel.)

„Meine Liebe, lange wie die Taube. (Bürger.)

Aber die Gerechtigkeit fordert zu dem Geständniss

---

unziemlich grob. Er ist entrüstet. Sich die Mühe nehmen, sich die Mühe geben. Sie ist ihm zugethan, da es gegenteils heissen sollte: sie — — — —

(weiter im handschr. Kommentar.)

**) Wahnschaffen (veraltet), eigentlich dem üblich gebliebnen rechtschaffen gegenstehend!

„Der butte Mann, denn das altertümliche wahnschaffen schattenriß (r — sch — ?) wölferte hämisch."

Schiert auch ein filologischer Papst sich um solche Art Wische, worohne sein Glanz gar zu flekkenlos sonnig heiß verzehrend niederleuchtete? um solche ArtWische? 1817.

auf *), daſſ (wie wol auch bereits anderwärts wird bemerkt sein) die Franzosen in dem Änellaut zwischen aimer, ame und amèr eine, den deutschen Klang der Lieblichkeit aufwiegende Schönheit der Verwandschaft besitzen ꝛc. Ferner steht die Wortbildung Soleil (AlleinAug) einzig da ꝛc.

b. Für Professoren.

Auf eine ursprünglich deutsche Wurzelung geht hinwieder das Wort Têton zurükk, das an Wolgefälligkeit dem römischen Papilla ziemlich gleich kommt, doch kernhafter, gedrungner ist. Nur greift der Deutsche, tadelswerth, bei seinem Mangel an Neigung für das Mundartige, und wäre es das Mundartigste, wie Namhafte hier am Rhein wiſſen, lieber nach dem Römischen — in der Verkleinerung, im verjüngten Maß (siehe oben I. 5. a.)

4) Das Weib paſſt nicht zur Vormundschaft **);

---

*) Die Uberwucht unsrer Sprache zu substantiven Formen gehört gleichfalls hieher (forbert auf zu dem Geständniſſ, d. h. „zu gestehn"). Dieser Hang bestimmt die Körperlichkeit; wie Verbum, und demnächst Beiwort, die Färbung.

**) Breitschultrig heiſſt im Französischen puissant carré (vierschrötig) erhält auch ein zweites e, und gar

(vielmehr: ihr steht das Recht zur Vormünderinn, das tätige Recht, eines Vormunds, nicht zu). Daher ist Vormundinn (Kolbe) so verwerflich und verworfen, als Vormünderinn ***). Es bleibt nur übrig zu sagen: sie ist sein Vormund. (Madame Duchenois, Pensionair du Roi et Directeur du théatre français.) Eben so sage man: die Vestale (nicht Vestalinn, da kein Vestal vorhanden). Ferner: die Prinzeß (nicht Prinzessin, da dies unnütze Bemäntelung eines franz. Ausdrukks wäre.)

---

cambrée (getauert, bogenförmig ausgearbeit, Schwan) ist wol nur ein Wortspiel mit carrée, wie Parisien und Pharisien. Die etwa französische Ableitung von Chancelier hingegen scheint im Umtausch wesenlich auf Deutschland übergegangen.

***) Eben so unschikklich ist es, die Amtstitel, wenn sie einmal müssen fortgepflanzt werden, noch weiblich zu beugen und zu verunstalten. Z. B. Frau Obersteigerinn, Frau Rittmeisterinn, Frau Nachgeherinn (Centrolleur), Frau Beseherinn 2c. 2c.

VIII. Der Reichthum einer Sprache („Beispiele! Beispiele!") wurzelt wesentlich in ihrer „Bildsamkeit." Beide sind verwandt mit Mannigfaltigkeit, aber zugleich sattsam verschieden von ihr.

Statt der Mannigfaltigkeit z. B. — statt der misslichen, der fast (sehr) bedenklichen Gleichgültigkeit beliebiger Wortfolge im Lateinischen, steht dem Deutschen eine genügendre, geordnetre, eine wahrhaft schöpfrische Bildsamkeit in Ableitungen, im Steigern und Verkleinern, in Bindungen und UmEndungen, im Umtausch der Wortfügungen selbst zu Gebot.

1. „Tot tibi sunt dotes virgo, quot sidera coeli." Dieser römische Sechsfüßler mit seinen 392 Versetzungen ist allbekannt *).

---

*) Welcher unsrer verrenkten, im Sturmschwung dahin brausenden Ditiramben-Dichter zeigt uns wol die künste Wortversetzung? — und nach solchem unterbrechenden (Miss- oder) Zwischenstand noch die künste Abkürzung? —

Bis uns etwas Gewagters dichtrischen Überdrangs in unserm Schriftwesen nachgewiesen wird, genüge uns

Weniger für das römische Eigentum als Ersatz (dessen es nicht bedarf), denn viel-mehr als Gegensatz hier unter Andern folgendes Beispiel aus ältrer Handschrift (1800):

paare: Werk, Stükk, Kunst, in allen Verwechslungen:

{Kunstwerk, Kunststükk, Stükkunst (ArtillerieWesen),
{Stükkwerk, Werkstükk, Werkkunst (Steinhauerei).

Füge unserm Würfelspiel noch den Meister hinzu, wie viel Versetzungen hast Du?

2. Sprachgenealogien und Wortnester.

a. Reiter; Ritter, Retter, Reuter **) (von ausreuten, ausrotten). Knappe, von Knabe, knapp, Knappschaft, Knabenschaft, Infanterie — jeune Garde.

b. Weidchen (im Aachner Volksmund) von: Weide, Augenweide; seltner Waidchen

---

ein schlichter Halbvers in einem der einfachsten Lieder („Schillers?") nein! nein! Göthe's.

„Jeden Nachklang fült mein Herz froh und trüber Zeit."

(Ruhmbekränzter, stolzer Göthe! — bleib bei Deiner Kunstnatur! Spätlinge v. Scheffner.

**) Parodie: „sittsam, sitzsam, sittzahm, sitzzahm. Neugier, Neubegier, Neugierde (kaum richtig) Neubegierde.

(eben dort), Waide (Waidwerk); beides Anellaute von Weibchen.

(Waidchen, erinnernd an Füchschen, ruhig Füchschen! oder Firchen.) Fix (fix heisst schnell), Spitzhund, Spitz, wie: Wind statt Windhund, (Luzern, Vierwalt[nicht wald]stätter See) [sic ***)].

c. Verdeutschung des Wortes: Revolution. Umdrehung, Verdrehung (Verdrehtheit) Umwendung, Umwandlung, Umschwung, (Kehr) Umkehr, Verkehrung (Verkehrtheit), Wiederkehr, Umwälzung, Zerwürfniss, Verstürzung (siehe oben), Rükkfall, Zerfallenheit, Zerworfenheit (Verworfenheit), Zerrüttung (Verükkung, Zusammenrottung). Siehe oben unter Sprachsinnlichkeit: „Wie zu der einen geraden Linie" ꝛc.

Görres „Deutschland und die Revoluzion" mit dem durch das ganze Werk

***) Verleider (im Berner Ort und im Aargau) hält die Mitte zwischen Verläumder und Verleiter.

Bemerk. d. Setzers.

hindurchlaufenden Änelaut: Ministerium, Filisterium.

d. *a*] (An: Waide, Wind und Fix angereiht.) Wie das Deutsche Komperative der Comparativa ꝛc. und in seinen Verbis ꝛc. Compar. und Superlativa, auch Diminutiva der Diminutive, so besitzt es auch Fömenina der Famenina. Oft, ofter (**W. Schlegel**), öfter, öftrer, am oftesten (**Fr. Schlegel**), am öftersten (**Jenisch**). Der allerbesste Helfer (Steigrung des Superlativs), bied, derb, biederb; bieder, derber, biederber; biedrer, derbrer, biederbrer; biederst, derbest, biederbest. Ihr, Ihrer, Ihriger, Ihrigster, (der Ihrigste, **Winkelmann**). Comp. u. Superl. der Verba: engen, engern, ängsten, ängstigen, {rothen, berothern, rosten, röten, rötern, rösten ꝛc. Katze, Kätzin (**Göthe**). Büchelchen, Sächelchen (2mal verkleinert); vordem, wie im Italienischen, sogar 3fach verkleinert: Eseleinchelein (**Voss**). (Werkeltag verkleinert unsinnig den Werktag.)

b] (An: Ritter ꝛc. angehängt.) Statt (statt,

anstatt in Aachen: an Platz) stehn Stätte, Stadt, Staat (res publica, siehe oben). — Bande, Bahn, Band, bündig, bändigen; froh, Freude, freuen, Freund, freudig, befreunden; schwer, Schwert, beschweren, Beschwer; regen, ragen, riechen, rügen, rächen. (Das altertümliche „Gerochen" scheint näher von „rügen" herzuleiten, nicht von rächen (ruchlos, verrucht, Gerücht [gerügt] — ruchbar deutet wieder auf riechen).

e. Fernre Wortnester.

Nied, nieder, niederst (zu nieder [nied] **Schiller**); nieden (statt hienieden **Herder**), nied, niedlich, niedrig, neben, nebst. — Ob, ober, oberst (auf, über). Vor, vorder, vorderst (für, vorn, fürder, voran, Fürst *),

---

*) Siehe oben unter II. Wie Fürst von: füren, vorne, vor, voran ⌣ — für; so König **) von können, Kunst von können (Regirungskunst), Kunde von Kennen, „Macht" von mögen, vermögen (Wissen ist Macht. „Büsch"). Triftig von Treiben, triftig von treffen, Tugend, Tüchtigkeit, von taugen.

Firſt, Forſt, fordern, fördern, förderſamſt (oder rheiniſch: etwaig vörderſamſt obrukk), RükkErinnerung (zuerſt in Göthes Werther?) ſcheint der VorErinnerung gegenübergeſtellt, welche **) mit der ſokratiſchen

**) Zugleich Anmerkung zu Anmerkung. Mehrere Könige, wie I. 1. bemerkt iſt, ſetzt ein König voraus, — „welcher geruht hat" — (nur nicht das Abendmahl entgegen zu nehmen, — wogegen ſchon Schlözer eiferte, weil der Preis [das Lob] eines Königs, nächſt dem Wiſſen, Tätigkeit iſt), und welches Geruhen einem heiligen Akt gegenüber noch unſchikklicher klingt, als wenn man z. B. ſagen wollte: „unſre Krieger ſind gut abgerichtet und werden zu Verteidigung der Feſtungen verwendet," oder: „Rußland iſt gewont, ſeine Kaiſerinnen aus Deutſchland zu beziehen." Mehr Glükk dürfte vielleicht die Redensart machen: „die Belgier gehn mit ihrer Krone wie mit ihrer Nazionalität hauſiren."

Unter den Linden in Berlin waren vor Zeiten in einem Stall beiſammen: die Königl. Maulthiere, das anatomiſche Muſäum und die SingAkademie; weßhalb ſchon Reinhold Forſter die Inſchrift vorſchlug: „Musis et Mulis." — Später ſollte Abends ein Landmann, der lange den gehaltnen Tönen der Zelterinnen ge-

Lehrart zusammentrifft. Selb, selber, selbst (gleichbedeutend geworden), wie zwei, zwo, zween zusammen fielen. Selbständigkeit (**Adelung**), selbander (mitander?). Mein, gemein, allgemein, Gemeine (nicht besser Gemeinde), gemeinhin, gemeinlich (gemeiniglich [Niemeyer] Ostreussen, Kraus, Hume's Versuche), unverspriessliche, geschmaklose Längung, wenn Luthers: „Petrus weinte bitterlich," altertümliche Zier biblischer Salbung).

---

horcht hatte, und nicht merklich Akademie von Anatomie zu unterscheiden wusste, endlich entrüstet ausgerufen haben: „Es ist eitel Sünd und Schand, wie sie die Menschen quälen."

Der Minister v. Herzberg bereitete den greisen Forster auf seine Erscheinung bei Friedrich II. mit dem Zusatz vor: trotz der Heftigkeit des Monarchen habe man nichts Arges zu erwarten. „Keine Sorge, Exzellenz," war die Antwort des rüstigen Weltumseglers, „ich kenn' diese Raße, habe ich doch schon mit 3 zahmen und mehr als 30 wilden Königen zu thun gehabt."

f. Weitre Wortnester.

Vorerinnrung. Bei einigen Sippen, so weit sie Zeitwörtern angehören, muss die neutrale Bedeutung von der tätigen und leidenden genau unterschieden werden (das deutsche Medium).

8, achten, Achtung, Acht, ächten, ächt, octroyer, aichen, ehelichen, Ehe (Gesez), ehe, eher (Ehre?), — tr—achten, träg, tragen, trächtig, Tracht, beträchtlich, — schl—achten, schlagen, Schlag, Schlacht, Schlächter, ungeschlacht, schlecht, schlicht, Geschlecht (er schlachtet, preußisch am Ostseestrand), er schlägt (verb. neutr.) nach dem Vater ***). — Gleicherweise bilden sich die Verba ahnen (der Ahn, änlich, die Ahnung), ahnden (Ahndung, Rüge) und nachahmen.

9, (neun) neu, novum — novem — nomen — εννεα, nehmen, nim, nam, nämlich, Name

***) „Er schlägt seinem Vater" (Aachen) — artet nach ihm, hat kein Passivum, sondern ist das Medium von schlagen.

— Neapel (Neustadt; Neulings Städtewesen, Jünglings Polizei, die miss-ist *); wachen, wach, wakker (gleichbedeutend um Köln und Aachen), wakkeln, walken, wanken, wallen (to walke), Wallung, Wall, Welle, Welt (κοσμος), walten — meist, am meisten, Meister, meistern, mustern, Muster; mehr, Meier (Maire) — Spule, spulen, Spüle (Voss), spülen, Spiel (am Rhein Fülle), spielen, Spille, (Königsberg, Plaume; Prume, Aachen) Spille (Spillmagen), Spindel, verspielen, verspülen, verspillen, versplittern, kostspillig, zeitspillig (Kraus),

Und unzälig mehr dieses Sprachüberschwangs.

---

*) Nach den Erfahrungen aller Zeiten ist die besste, die einzig wahre Polizei die, welche von dem gesammten Beamtenstand unverholen, und wenn der politische Zustand es erlaubt, von jedem unzweideutigen Bürger gehandhabt wird. Eine eigne, abgesonderte, dem Bürgertum gegenüber stehende Polizei ist jederzeit tadelswert; tadelwert jede unnötige Amthandlung derselben z. B. wenigstens in größern Städten die Anfertigung von Brodtaxen u. dgl.

IX. Inversionen. (Zusammenziehungen und Änellaute unter X).

Ampel, Lampe; Born, Brunn; Kruste, Kirste; fern, fremd; Warze, Wratze; Klafter, Lachter; Frucht, niedersächs. Furcht (Furche); Lauch, Aulch (Ollich); „winzig, ganz wenig" (Voss), wo das „ganz" förmlich eingesargt ist, oder wie ein Hufeisen von der nachwachsenden Buche eingeschlossen; Sporn f. Eperon; Fratze, farce; Corps, Krop (ostpr.; rheinisch Gepöpel); dreschen, holl. dorschen; Ross, engl. Horse; erdho, oder (Nokter, Nokter — Kero?); vorn, Fron; (Fronleichnam, Fron, Herr; Frau [Frow] Herrinn) ꝛc.

Solchen in der Wolle gefärbten Lautverkehrungen *) stehn, als deutsche Sprachtümlichkeit zur

*) Es ist ein missliches Ding, steif bei der Metafer oder in der Begriffgränze zu bleiben. Wir vermögen uns vor den Augen unsrer Leser einzig mit der Überzahl änlich Mitverschuldeter, wenn auch nur einigermaßen wegen jener Anstößigkeit zu rechtfertigen:

„Mir sang der Quellen Silberfall" (Ideale.)
Wenn das Blut — ein Bisschen — springt"
(ein wenig — an einen Moralisten.)
Fr. v. Schiller.

Seite, und wol nur bei einer närenden Stammsprach' in diesem Umfang des Sprachwitzes möglich,

---

„Die Wahrheit, wär' sie auch Verbrechen.
(Gegenstükk zu Kotzebu's edler Lüge.)

„Euer martervoller Tod würde ohne Grenzen sein.
„Weiss mich aufs Lokken zu verstehn."
(weiss mich zu verstehn.)
„Wo ist sie denn?" „Sie ist von Sinnen."
v. Schikaneder (Zauberflöte).

„An den geriebnen Farbenhändler Pichl."
„An den veredelten Schäferknecht Wandrl."
Wiener Briefaufschriften.

„Wie ich näher auseinandersetzen werde."
Ernst Weyden.

„Die unlautre Quelle solcher Erdichtungen ist nur zu klar."

„Dagegen scheint — — — angemessen zu sein." („scheint zu sein!" — wo „dagegen scheint" genügt; scheint zu sein = sich einander).
Preuß. Staatszeitung.

Drükkende Gewissensbisse leuchteten aus den Minen des Angeklagten.
Ausz. a. d. Kr. Pr. gegen ***.

gewisse neure Tauschmittel buchstäblichen Verkehrs — Inversionen, wie z. B.: Lehrmeister,

---

„Das Schwankende dieser Behauptung steht also fest. — Im vorliegenden Fall. — Bei der ausgesprochnen Ansicht &c."

Worte d. Hrn. Berth.

* * *

Ferner:

Aus dem Volksleben.

Er hat sich unter den Armen durchgeritten.
Er hat sie eigenhändig mit dem Fuß gestossen.
Beide gleichlautend angekleidet (vulgo ausgekleidet.).
Die größte Hälfte (in Ostpreußen häufig), rheinisch: Halbscheid.

Ein unaussprechlicher Spielraum.
Er hat bei dem Geschäft einen bedeutenden Vorteil erlitten.

Dort werden wir uns mündlich wiedersehn.
Sie hat ihr Kind durch ein Ungefär erhalten (nämlich am Leben).

Er sieht nicht gern, dass man bei ihm laut spricht.
Er scheint noch recht behend (alias handfest) auf den Beinen.

Mehrmeister; rheinische Schwänke, schwe-

Wo man zu fordern hat, der zahlt nicht.
(Und daran, wer uneingeladen zu ihm käme, wolle er seine Freunde erkennen.

Heinrich Döhring †)

†) Hilft zum Rathschlagen Radschlagen und die Gelegenheit vom Zaun, um zu rade-brechen. Jeder Ungerechtigkeit muss man steuern, unparteilich? jeder Parteilichkeit. Hr. Dr. Döhring schreibt immer zierlich genug, und die Brauchbarkeit vindizirt die erste Stelle. Wohin sollte es füren, wollte man z. B. die Vorrede zu Gruber's Kultur-Geschichte folgendergestalt kommentiren? „Indem ich ꝛc. scheint es mir [scheint mir], der es wol weiß [der weiß], welch einem schwierigen [welch schwierigem oder wie schwierigem] Geschäft ꝛc.
(Gegenb. des Setzers.)

* * *

Zugabe aus dem Volksleben.

Bruchstükke eines Anschlagzettels.

„Alle erdenkliche Tiere sind daneben zu sehn.“ —
„Niemand wird den Schauplatz heute zum letztenmal unbefriedigt verlassen.“ —
„Kinder und Soldaten zahlen die Hälfte; Hunde und Dienstboten werden verbeten.

nische Ränke*) (siehe den handschriftlichen Kommentar).

Aus einem Andern:

„Dem. Adele wird heute wie die andern Abende ohne Sattel arbeiten. Hinterher Ball. Wer 4 Gr. zalt, tanzt so lang er will; wer 6 zalt, eine Stunde länger.

* * *

Es gränzt an Unglaublichkeit, mit welcher Sorgfalt die Bildersprache Jean Pauls geordnet ist. Herder steht ihm in diesem Bereich weit nach, und Tieck, wie Hoffmann, ist oft ungeregelt. Göthe bleibt auch hier das große Muster vollendeter Schreibart. — Es bedurfte der Meisterhand eines Lessing, um die deutsche Prosa möglichst von Bildern zu entkleiden. Wer schreibt, wo jeder Kadett und jeder Student sich einen blühenden Stil aneignet, wenn sonst unsre Generale kaum ihren Namen schreiben konnten, wer schreibt noch jetzt, wie G. Forster, wie H. Jacobi, Heinse, wie, als klassisches Vorbild in jedem Verhalt, ein Fr. A. Wolf schrieb?

*) Ein Kassler sagte in Ansehn auf Örtlichkeit der Zusammenkunft: „Die Reichstände sind versammelt, und d. S. st. verr.“; und gelegenheitlich: „rothe Da-

Eigentliche Kalemberger dagegen, die sich in einer ärmern Sprache, im beschränktern Umfang der Sprachlaute, nur geradehin niederschreiben, wie beiläufig: „le Char l'attend“ (1812 Paris, bei Napoleons Triumfwagen auf dem Karusselplatz) oder: „Car-tel est mon plaisir; mais ma conscience me contentera en cas de refus de Refus**).“

men, todte Ramen“; weniger korrekt: „sächsische Hof, hexische Soff“; „blutwürstiger Dietrich, für: blutdürstiger Wütrich“ [auf Napoleon bezüglich]. Oder wie ein Eingeweihter jedes poetischen Aufschwungs und Wirkens [unser Denoël] Landleute wollte angetroffen haben, welche bei der Aufschrift eines Buchladens statt „Pappers und Kohnen,“ Kappes und Bohnen lasen [Kappes, russisch Kapustc, Sauerkraut, franzöſ. Chourcrout s. f.].

Wagner in seinen reisenden Malern hat eine etwas gewagte Anwendung änlicher Wortspäße gemacht, welche sich mehr wol für gesellige Unterhaltung eignen, als zum epischen Gebrauch.

Schade, daſſ dies artige Spielzeug der Rede sich bisher häufig um unkeusche, also eigentlich auch unerotische, Zweideutigkeiten drehte.

**) „Spät noch muſſte ein ungezogner Lauf ungezogen sein¹).“

Bonn 1823; sind im Deutschen seltner. Doch zeichnen sich die Östreicher mit einem anmutigen Takt darin aus, und das besste Wortspiel dieses Kaiserstädtischen Schlags schienen uns „Diamanten (die a) als der Schmukk, welchen die Wienerinnen am liebsten tragen." In Berlin fiel 1819 ein (Raschmacher ***) mit einer Schnellbleicherinn von der Kanzel †) u. s. w. ꝛc.

(„Dat es Spekk for ür Bek!" Aachner Wort.)

---

*) Pflaster des Setzers zu obigem Lauf.

Wie der Lauf des Rheins sich im Sande verliert, so verflachen sothane Witze, je weiter sie fließen. — Bezüglich auf „Siegmar Freunds Gedichte" [Berlin bei Reimer], könnte man aber jenen Beispielen so beispielen:

„ein Reimer hat sie verfasst, und ein Freund sie verlegt."

***) Rasch, ein glatter wollner Zeug.

†) Mit einiger Gewandtheit werden im geselligen Wien Belustigungen der obigen Reihe in „Frag und Antwort," bei uns ernstern, wie die Östreicher behaupten „gelehrtern" Nordländern, ofter mit grammatischer Zuthat, oft zum Theil als deutsche Synonimen eingekleidet. Aus dem Leu- [d. h. Löwen-] Mund eines jezt ländlichen Freundes hörten wir u. a.:

X.

Verwandschaftlich mit den Inversionen sind noch vorab „Ä n e l l a u t e“ aufwärts, und Z u s a m m e n z i e h u n g e n niederwärts abzufertigen, wonächst Alliterazion, Assonanz und Reim in geschlossnern Reihen das Hintertreffen bilden.

A. Über die Z u s a m m e n z i e h u n g e n zum — (abschrekkenden?) Beispiel.

1. Ein Spiel (eine Schar), bemooster Häupter: Andawleiz [Antlitz], Hlaudoweig [Ludwig], kuoni

---

Er treibt halsbrechende Künste, d. h. „er ist ein Scharfrichter.“

Er gewinnt bei näherer Bekanntschaft — „er ist ein falscher Spieler.“

Er ist ein rechtschaffner Mensch — „ein Advokat.“

Ein geschlagener Mann — „ein Ritter.“

Auch kürzre Synonimen sind uns aufgestossen. Z. B. Missgeschikk = Ungeschikk [siehe oben] und Vorrecht = Unrecht [bescheiden = gescheidt, in Aachen].

Weiter Andre:

Eine bedachte Person, d. ist: „ein Modevögelchen mit ungeheuerm Schirmhut.“

[kün], Eregrehtin [Recht], Magaczogo [Machtzog, Herzog (oder Kinderzüchter?)], spilodunder [spielend, Menschenspiel, Menge]; odurabur [aber] *) ꝛc.

Wieder Andre:

Walalnd, Wald; Araveiz, Erbse; Härfest, Herbst; Erezi, Erz; Acheso, Axt; Wambasch, Wams; Thionost, Dienst; Ambacht, Amt; Wotnissa, Wut; kerelicho, gern; hina tag, heute ꝛc.

Sie ist ein verzognes Kind, d. h.: „sie hat ihr Hoflager von St. Ursula nach der Schmierstraße verlegt.“

Ein zuvorkommender Mensch, „ein Schnellläufer.“

Ein angegangner Großer, „ein Machthaber, der in übelm Geruch steht“ ꝛc.

„Genug! genug!!“

*) Also oderaber statt aber, nicht statt oder.

Noch ein paar, nicht hieher gehörige, Vorbilder aus dem herrlichen Karolinger Krieglied erlaube man uns: Goutman [Edelmann, Ritter], Gundfahnon [Kundfahne, Lärmzeichen], Notstaller [Konstabler]; ferner: missleben, zu unserm: miss-sein absteigend; bitte, ein paar verschollne oder unmodisch gewordne Wörter von Herder: „kleinfügig, überjahrt, Werkübung [Praxis — oben] missbeholfen;“ und von Lessing: Bestandheit, Hinlässigkeit, Obstand ꝛc.

2. Neure beispielweise:

Fürderst, Fürst [Konjektur], MareSchalk [Pferde-Junge] (Marschall); Truchsess, Drost; Berittner, Ritter; Beamteter, Beamter; Bedientester, Bedienter (besser Diener, rheinisch Knecht), Arzat, Arzt; Pfarrherr, Pfarrer; Nahbaur, Nachbar; Weinzieher, Winzer; Halbwinner, Halfner (rheinisch); dem Andern worten, antworten; verunzieren, verhunzen [Konjekturen]; berichten, beichten; geleben, gleiben, glauben; gangbar (verschl. gäng); ganz wenig, winzig (oben **Voss**); bässester [von: bas, gut] besster ꝛc.

B. In der Vorschule des Reims drängen sich folgende Rotten vor-witziger Änellaute**), weiter unten als unreife Neulinge, zum [teilweis warnenden!] Beispiel hervor.

1. Alte Mär.

Age stultus [handle als Thor] wurde Hagestolz

**) An sich sind sie so sehr des baren Witzes bar [es fehlt so viel dran, dass sie witzig wären, tantum abest], dass sie vielmehr nur der Balg sind, aus dem sich Witz entfalten [entfaltern] kann.

[Hermafrodit, Halbinvalid!], wie aus: Bei Gott, bigot; — Kloß, Koloss; Modistin ward zur Methodistin; Matrasse, Mätresse, Ma Tendresse; Savoyarde, Sauvegarde; Ariovist contr. Ariost Alcibiades, Alcides; Augiatus, Augustus, Angustus; aus: Scholares errantes wurde: Schlaranten; Polihistor, Filister.

Baron: Doktor, braun Tochter } gleichlautend
Schweinzucht und Schwindsucht }
am Rhein, wie chemisch, Gemisch ꝛc.

2. Neuste Mär:

Nov. 31. Belgier von balgen; Zivil, zu viel; Prinz, Provinz; ministriren, contr. miniren; berichten, contr. beichten; Paroxismus contr. Parochus; franz. Afront, köln. Afgrund ⏑ —; deutsch Abgrund — ⏑; Gebot, kaput; Sukkurs, zu kurz; Leidenschaft, was Leiden schafft; radikal, rattenkahl ***).

***) Frühere Wahrschau [alter Ausdrukk am Rhein für Warnung]; Serviles, sehr Vieles; Liberales, lieber Alles.

Reminiszenz des Setzers.

Abschweif über die Kürze, als Coda (Schweif) zu den Zusammenziehungen.

Nicht soweit im Artikel, dessen wir oft entrathen können

(„Jägers Abendlied" „In Äthers duftger Bläue" ꝛc.)

Fromme Wünsche für Liberale.

Nichts ist sachwidriger als dies Benennen über einem Kamm.

Denn in Deutschland ist man fried- und freisinnig; in Frankreich auf der linken Seite [besser gesagt: links] in Spanien liberal; in England für die Volkspartei; in Polen [spärlich, kümmerlich] für die Bauern, zumeist nur roh, rüde und rüstig entrüstet gegen Rußland; in Italien antifeudal; in verschiednen andern Ländern und Ländchen [auch in Städten und Städtchen] weiß man nicht recht was man will. —

Armes Italien — noch übler dran als Spanien, — auf Dir lastet das Übel am drükkensten: Deine fruchtbarsten Strekken [d. h. solche, welche die fruchtbarsten sein könnten] schmachten in todter Hand, in der leblos eisern lämenden Faust der Majoratstiftungen und der Klostereien. Das Volk schreit nach Brod; und der natürlichste Ausweg, den Akker für sich zu bestellen, ist ihm gesperrt und verwehrt; nicht den Armen ist diese

als im satzweisen Bau unsrer Zeitworte muss man den Grund suchen, dass wir leichter im Ganzen an Sprachkürze selbst Römer übertreffen, als es ihnen im Einzelnen gleichthun. Ist, nach W. Schlegels gediegner Bemerkung, die Kürze mehr politische als sprachliche Tugend; müssen wir, wenn Klopstöcke sich kürzer fassen, denn die klassischen Muster, uns vor Allem fragen: „haben jene Alten kurz sein, haben sie sich in ihrer Sprachfülle (facunditas) nicht

---

Wolthat verwehrt; auch dem Reichern ist verwehrt, die Wolthat dem Armen zu spenden.

In keinem Landstrich ist bei fortschreitender Übervölkerung das alte, verrottete Rüstzeug empörender Feudaleinrichtungen so lieblos zusammenschnürend, so überwältigend ausgedehnt, so unangefochten geblieben, als in Italien — demnächst in Spanien.

Schönes Land der Liebe und des Sanges! die Stimme deines *Filangieri* ist zwischen Klostermauern und Marmorpallästen verhallt; und nirgend ergreift mehr der Halt der Wahrheit, als dort, Göthe's inhaltschwerer Ausspruch:

„Es erben sich Gesetz und Recht
„Wie eine ew'ge Krankheit fort,
„Vernunft wird Unsinn, Wolthat Plage —
„Weh dir, dass du ein Enkel bist!“

vielmehr ergehn, — gehn lassen, wollen?" so bleibt doch der „Möglichkeit" der Kürze ein unbestreitbarer Werth, dem ächten Nachdrukk, der Bündigkeit, durch deren Mithülfe unser Deutsch mit jedem Bewerber wetteifert,

„An deinem" — (wortete der Andre) „an Deinem:" denn

„treuer Umgang mit der Kunst
„Erweicht den Sinn und duldet nicht Verwilderung,"
19 Silben *).

---

*) So genau nehmen Zeitungschreiber es freilich nicht mit dem Übersetzen: Die Franzosen vor Cadix sollten heimliche Nachricht durch fliegende Papierdrachen erhalten haben, „par des cerfs volants," welche deutsche Blätter durch abgerichtete Hirschkäfer, wiedergaben, beinah mit jenem Takt, womit ein Schüler: Cäsar venit in Galliam summa diligentia, übersetzte: Zäsar reis'te nach Frankreich auf dem Dekk eines Schnellwagens. — Un homme de lettre, ein Briefträger, un sommelier, ein Schlummerkopf. — Am Russischen Kaiserhof ward Aschermittwoch par un jeûne general gefeiert, wo der Verdeutscher unmöglich das allgemeine Fasten durch einen jungen General hätte ersetzen können, wäre man im Französischen gewohnt, Substantiva mit großen Anfangbuchstaben, hier z. B. „par un Jeune general" zu schreiben.

(Didicisse fideliter Artes
Emollit mores, nec desinit esse feros.)

23 Silben.

finde ich nicht den kürzern Ausdrukk, sondern nur zu tadeln, dass du das Versmaß der Urschrift nicht wiedergegeben hast **).

XI.

Über den Reim, dieses Echo der Sprache, ist unsern Tagen so viel Treffliches gesagt, dass wir gar nichts Neues zu sagen glauben

---

**) W. Schlegel bemerkt wahrschaulich, dass wir vorab der Meisterschaft, womit deutscher Fleiß und deutsche Beharrlichkeit den schwierigen Bau des Hexamters bezwungen haben, die Angewohnung verdanken, welche unserm Ohr den Genuss dieses antiken Maßes und des elegischen erleichtert. (Neue Ausgaben seiner kritischen Schriften.) Ungeachtet der Mühwaltungen eines Voß, ungeachtet Herders unerreichter Übersetzung von Balde's Gedichten, der mit Recht der deutsche Horaz heißt, ja in vielen Stükken auf deutschem Boden vor dem Römer hervorragt, haben alkäische und sapfische Versmaße, wie die gemischten Klopstock's, keinen rechten Halt bei uns finden können; und noch ist die Wahrnehmung unwiderlegt, dass die kürzre, gedrungnen Reimzeilen unsrer

durch folgende elementarische Aufstellung aus einer kaum eröffneten Reimschmiede:

1. ErdEntsprossne.

(männlich — weiblich)

So roh, froh? — Eiland, weiland Heiland: — Mailand!*)

alten Lieder vorzugweise die Form sei, welche deutscher Volkstümlichkeit zusagt.

*) Die Lombardei (Longobardei) zeigt dem ersten Blikk die auffallendste Änlichkeit mit Brabant. Die Hauptstadt trägt den schönen Namen deutscher Zeit und deutschen Ursprungs, Mailand; wie Florenz die Blumenstadt heisst. Erreicht man den südostlichen Rhein vor dem Sammelplatz des Bodensee's, folgt man dortigen Spuren deutscher Voreltern, z. B. eines Dietrich (Theodor, Dieudonné, Nibelungen; Simrock's Verdienste um das Heldenlied), so trifft man vor Verona (Bern) bereits im Vorarlberg auf Ems (westlich vor den Birnen liegt Baden) später auf Clewen (Chiavenna) dann auf Worms (Bormio) &c., welche deutsche Namen dort noch neben den wälschen Übertragungen umlaufen; und so kann ein Waller (oder Wällischer?) z. B. vom deutschen Rhein, durch die Schlucht zwischen Tyrol und den Schweizer Alpen, wenn er seinen Pass einmal doch muss visiren lassen, und nicht so glükklich ist, keinen zu besitzen, auf seinen polizeilichen Etappen (Stapeln) bis weit

2. Feuer.

(sächlicher Reim.)

wo der gewaltige,
wundergestaltige,
riesige Geist
tausendlichfaltige,
Stralenkeimhaltige,
Farbenlichtspaltige
Flammen verheißt,

3. Luft.

(männlich-sächlicher Reim).

dieser süßlicheren **)
nie verdrießlicheren,
kaum wie Duft,
schnell-genießlicheren
hell-erkieslicheren,
hold-gold-füßlicheren
Tochter der Luft. —

---

in Hesperien hinein immer zu stattlichen, unverweichlichten, wie Burgen festen, abgehärteten, kernhaften, steinreichen, unjüdischen, wanklosen, schwer erkäuflichen Landsleuten einkehren, nämlich zu jenen altehrwürdigen, altvordern, deutschen Pflanzstätten selbst.

4. Pythagoräisches Wasser.

(weiblich=weiblicher Reim).

Wie manches eitle Höhwerk ***) höht es,
So flach und seicht, —
Wie manchem Sonnenkäfer †) geht es
So bulend leicht! —
Doch schwerer als dem Schäfer Göthes,
In Berenice's Näh' vergeht es,
Dir, — *Ptolemäus Evergetes !!*

oder mit der Spielerei, wie dergleichen ofter dem Füllhorn der Feder enthüpft:

Er lächelte fein sittig,
Schwer fächelte sein Fittig. —

oder mit der skizzirter Randzeichnung an einem größern, ernsten Farbenbild:

**) Mit wilderm Arm, Klopstock; d. h. mit sehr, gar, oder fast wildem Arm.

***) Relief. Mathisson, v. Schlegel trefflich heimgeleuchtet. HohWerk, Altorilievo; FlachWerk, Bassorilievo. Das Wort Camé, nachdem man vergeblich gesucht hat, ihm anderwo zu betten, würde als Kammzier, Kammstein, wie camus, vielleicht von Kamm herzuleiten sein.

†) *Skarabäus.*

auf G ö t h e's:

Liebe schwärmt auf allen Wegen,
Treue wohnt für sich allein.

als Gegenstükk die Glosse im handschr. Kommentar.

Vor;	Nach;
O! der Wandlung!	(Schiller)
(„Schieß empor, Mädchenflor!")	(„Zag u. schwach, Brautgemach")
Schlanke Ranke	Scheue Treue, —
warme Arme,	blöde Rede, —
flinke Winke, —	matte Gatte, — —
süße Grüße	Wange, bange, —
Allen gefallen;	Wade ††) — — gerade —

XII.

1. Alliterazion und Assonanz.

Wie die Alliterazion („kein Kist, kein Kost, kein Kammer" — altes Lied) ein schwächer schwellender Wellenkreis aus quellenweis deutsch in schärfern Umrissen anschlagendem Reim, nordlich bis tief an Is-

††) Der hiesige Ausdrukk für Wade ist Wakprat — wol von w a k e n (to walke, w a l l e n) und Prat (in Wildprät ꝛc. noch vorhandnen) Schrittmuskel, Gehfleisch, nicht von W a ch p a r a d.

lands Klippenwehr wogte, brach so weit gegenseits derb und gut und, ob derb doch frohgemut deutsches Blut mit deutscher Weise wallte, der einlautige Verlauf der Assonanz, nach Süden lüstern, über Mittelmeers Küsten *). — Das Höchste, was die Poesie in Alliterazionen aufzuweisen hat, dürfte im Anhang mehrerer Ausgaben der Edda die Heldenklage sein, womit der gefesselte Ase, in der Felsengrube von Schlangen zerfressen, Schmerz und Seele ausstönt; gewaltiger und erhabner, denn die Episode des Ugolino beim Dante, und ihr an Stoff und großartiger Fassung auffallend vertraut. Beispiel unsrer Zeit, wie treffend die Alliterazion in Form und Zier der Prosa einzugreifen vermag, zeigen vor Allem in vollendetem Sprachschmukk Göthe's Wahlverwandschaften **). Die Assonanz dagegen, mit

*) Reim, Assonanz und Alliterazion, nur nicht in regelrechter Ausbildung und geordneter Anwendung, waren bereits dem klassischen Alterthum bekannt. Vergleiche u. a. bei *Aristofanes-Wolf*: μηδέ περ γεροντας οντας (obgleich wir bei Jahren waren) wie: μαχον και λαμαχον (Händelmachern und Lamachern). Bei den römischen Dichtern finden vielfältig sich änliche Beispiele; zumal ist Ovid reich an solchen Wortspielen.

solchem Bezug sapfischen, alkäischen und klopstokkischen Maßen vergleichbar, hat troß der Bemühungen von Schlegel und Andrer unter uns Deutschen nicht recht fußen ***) wollen.

2. Morgen- und Beigabe.

(Schwertmagen und Spillmagen.)

Beim Reim entscheidet nicht ausschließlich des Klanges Reinheit, darin bekanntlich Minnesänger und Meistersänger uns übertrafen. Bei der ungleichen Austeilung, bei häufiger Kargheit deutscher Reimlaute hat unser Vers allmälig andre — willkürlichre Rechte erworben, zum Teil andre Gleise der Ordnung ausgefahren.

Auf „Wiesen" jetzt noch „fließen" zu reimen, oder „Küsse" und „Grüße," wäre eben so verwerflich, als „Kost" und „Trost," „sehnt" mit „brennt," „Waffen" und „strafen," „Namen" mit „Flammen"

**) Zu chemischer Wahlverwandschaft gehören 4 sich kreuzende Anneigungen; nicht 2, wie *pecus imitatorum* wänte.

***) Hans Sachs, der lang in Deutschland herrschte
Und nach der Füße Maß bald schusterte bald verste.
Gottsched.

gleich zu stellen. Dagegen geht es hin, grüßen und spießen, blöde und Rede, träg und Steg, List und Gerüst zu paaren. Nur tritt hier und weiter ein zartrer Unterschied hinzu, sowol zur Vermeidung des Anstoßes im Klang, und um wenigstens den Schein der Leichtigkeit zu behaupten, als zur Vermeidung etwaniger Sinnverwechslung; wonach ein feines Gefül z. B. auf „gleiten" kaum notweis „reu'ten," noch „reuten" (gäten), noch „reih'ten (da: „reiten," hier näher anklingt) und nimmer streiten und läuten, aber unbedenklicher außer Zeiten, Zärtlichkeiten, weiten (nicht weih'ten), erbeuten, Schaftheuten, Brabeuten, deuten, wie kosten nach sprossten rc. und auf weih'te zwar Seite, auf kos't zwar Trost, allein nicht gern umgekehrt auf Seite weih'te, auf Trost kos't rc. reimen würde *) rc.

*) Man wehre nicht der Behauptung, dass Reim und antikes Versmaß mitander zu vereinigen sind; auch Alliterazion, und leichter wol Assonanz, lässt sich ihnen noch beigesellen.

Der Luftspringer C., ein widriger Stänker in vorgeblichen LiebesAbenteuern, hatte sich auf dem Anschlagzettel als „Pantomimist" angekündigt (Entdeutschte wussten sogar das neue Wort „Landwehrist" zu bilden).

Sinne, lieber Reimbruder, weiterhin hierüber nach, und übe das Schwert der Entscheidung! Spinne, reimende Schwester, die Kunkel aus!

Kölns Fremdenblatt begegnete dem Anmaßenden durch folgende Aufgabe:

„Welcherlei Mist wol, misst er nicht: „-i st," miss-ist, —
Dies ermiss Du"

Nachlese Nro. II.

(Von den nachstehenden beiden Auszügen aus Litteraturbriefen gehört kaum erst der letzte in den Kreis unsrer gegenwärtigen Betrachtungen. Noch weniger aber ist dies bei dem Mahnbrief an einen Mitbeamten der Fall. Gleichwol möge, da alle fünf Kleinigkeiten, gegen Anfechtungen Beistand suchen für das Kleinod deutscher Sprache, und weil das ausländische Schönthun, die leichtfertige Zersplitterung und die Lohndienerei unsrer geschniegelten schlaffen Zeitschriften mit einer Art von Schrekk die Gaben eines veralteten, geradsinnigen Schlags von sich weisen *), die gemeinsame Aufnam hier Rechtfertigung finden.)

Paradoxen aus Literaturbriefen 1828.

1. — — Deinem Matthisson *) fehlt nichts

*) Wie, unter andern, das Morgenblatt d. H. v. Cotta that.

*) Welcher Parteilichkeit wolwollenste Naturen mitunter

weiter zum Dichter, als das wesentlichste, Schöpferkraft. Dabei hat gerade was Du ihm, — wol nur zu Scherz, überhoch anrechnest, seine ängstliche Gewältheit, ihn zum gerechten Gespötte gemacht. Für seinen Zwekk verschmäht er keineswegs das Eigentum Andrer. Seines Bratenrokks z. B. nur zu gedenken: — der „Genfer See" erschien vor der Welt mit einem dreimal, immer trauriger geändertem Schluss. Zulezt ist der Erfindung-Arme dabei stehn geblieben, das ZopfEnde aus Höltys, des wahren, ächten, selbständigen Dichters, „Auftrag" für seinen GallaAufzug abzuschreiben.

So hat auch dessen Adelaide mit Höltys

---

fähig sind, ergibt sich aus Vergleichung des Schiller-schen Urteils über den Pinsler Matthisson im Widerspiel mit dem über Bürger (siehe die kl. Schriften) — über Bürger, den jeder Unbefangne doch zu den „Vollgültigen" zälen wird. — Es ist unberechenbar, welchen Nachteil eine einzelne unbedachte, verkehrte Äusserung in dem öffentlichen Leben eines Liebling des Volks, über dieses für lange Zeit auszubreiten vermag, und insbesondre welche gemeine, wenn nicht allgemeine Verdrehung des Geschmakks vorab in solchen Dingen auf solchem Wege eintreten kann.

„Apfelbäumen" den nämlichen Schluss, so sein Elisium mit dem „Tempe" von Uz unverkennbar dieselbe Richtung und Einkleidung, und in gleicher Weise könnte ein Gutberittner die Mehrzahl seiner prunkenden Sächelchen kommentiren.

2. „Dammniss und Schmach," in Buonarroti's Antwort der Nacht *) beziehn sich ohne

---

*) Am Grabmal der Medizäer. — *G. Strozzi* dichtete das Epigramm:

(Rime di M. A. Buonarroti Firenze MDCCXXVI.) S. 76.

La notte, che tu vedi in si dolci atti 1)
Dormir, fu da un Angelo 2) scolpita
In questo sasso, e perchè dorme, ha vita
Destala, se nol credi et parleratti.

Und der riesige Schöpfer einer, den klassischen Griechen gegenüber tretenden **neuen** bildenden Kunst — der Bildhauer, Maler, Baumeister, der Ingenieur und Dichter, der dichterische Genius der zweiten größern italichen Zeit antwortete darauf im Namen seines Marmorbildes:

Grato m'e 'l sonno, e piu l'esser di sasso.
Mentre, che 'l danno 3) et la vergogna dura.
Non veder, non sentir, m' é gran ventura;
Però non mi destar, deh! parla basso.

Zweifel auf die damalige Zerwürfnisse des Vaterlands, worunter jener Übermensch wol nicht sein Florenz allein, sondern das gesammte, geliebte Italien begriff. Alles athmete dazumal für die öffentlichen Angelegenheiten; und Petrark's unvergleichliche politische Kanzonen musst du

(Nein, nicht bist du die irdische Nacht, die von gestern und heute:
Sei Michel Angelos Nacht, Mutter der Dinge, gegrüßt! ***)
W. Schlegel.)

Wir versuchen die Epigramme *Strozzis* und *Buonarrotis* also zu übertragen:

G. Str. Die Nacht, in Schlafes Banden 1) hier zu schauen,
Hat eines Engels 2) Hand in Stein gehauen,
Und weil sie schläft, — du zweifelst? — hat sie Leben:
Berüre sie, sie wird dir Antwort geben.

* * *

M. A. B. Nicht sehen, hören nicht in süßem Schlafe
Ist große Wolthat mir bei Schmach und Strafe —
Mehr noch das Loos, das mich zum Steine machte;
Darum berür' mich nicht und rede sachte!

1) Vielleicht schicklicher als die dolci atti der Urschrift, in der deutschen freilich sehr freien Lesart für eine überjahrte, zusammengeknäulte Gestalt, mit Hängebrüsten und einem mütterlichen Leib.

dem Staub alter Ausgaben entklauben, wärend das steifleinene Kleid seiner geschraubten und verlognen

2) Anspielung auf den Namen Angelo.

3) Danno (Damnum) Damniss.

**) Das Denkmal des Cosmos v. Medicis zu Livorno, von Giovanni di Bologna, dem besssten Schüler Buonarrotis, und wol nach dessen Angabe ausgefürt, lieferte Fr. des II. wakkerm Baugenossen Schlüter das Modell zu dem Reiterbild des großen Churfürsten in Berlin. Als Gegengabe bestellte der König dem Schriftsteller Algarotti, mit dem er in Briefwechsel gewesen, ein Grabmal. Es ist verunzierend im Campo santo zu Pisa auf den Boden gestellt, welchen dortige Kaufherrn einst aus Jerusalem überschifften, und zeigt — o Schmach dem Geschmeiß der Speichellekker! — die Aufschrift: Algarotto Fridricus Magnus; mit derselben HofArt, wie das Bildniss des jugendlichen Königs bei seiner unvergleichbaren kleinen Schrift: „Memoires pour servir à l'Histoire de Brandenbourg,“ schon 1750 des handlangenden Gesindels, mit der Unterschrift „Frederic le Grand“ sich zu schämen hatte. Wer Buonarroti in seiner ganzen Größe erfassen will, betrachte das Marmorbild des nakten Christus in der gemeinhin beim Vorragen (imponiren) des Pantheon übersehenen kleinen Kirche Maria sopra Minerva zu Rom; die kunstliebende Verehrung dieses Buonarroti-

Liebe, wie der Knochen eines Heiligen, von tausend und abermal tausend anbetenden Mäulern der Nachwelt geküsst wird. — Beiläufig! Wie diese ritterlichen Dichter, für ihre Paradeneigung voll keuschester Flamme, sich bei Zofen und Bürgerkindern zu entschädigen wussten, sieht man u. a. aus Tassos Madrigaten und Sonetten, bei denen der treuherzige

---

schen Heilandes geht so weit, dass ein Goldblech seinen abgeküssten Fuß schirmt, dass unfruchtbare Weiber in feurigem Gebet vor ihm scharen, und dass die Preise der Töchterschulen dort den Ausgezeichnetesten feierlich zuerkannt werden.

Von reiner Heiligung und Weihe inbrünstigen Glaubens zu übergläubiger Hingebung, und von ihr zu hündisch-vergötternder Leckhaftigkeit hofgesindlicher sündlicher Schmeichler, ist aber freilich eine Abstufung wie von dem Sternbild des Bären zum großen ParíaBär in Berlin und von diesem zum Bär der Fabel, der seinem schlaftrunknen Herrn die Fliegen mit tödlich verletzendem Stein wegschmeichelte.

(Ihnen gefällt nur was kreucht, sie hassen was himmelan strebet.
Darum haben sie Dir, Hermes, die Flügel gelämt.
Heu misere succisis adspice Nuncium alis
Qui superis quondam gratus et, Orce, tibi!

Schröer, als der rheinische Merkur unterdrückt ward.)

Freund und Ausleger (Manso) verschiedenlich sich sehr naiv für unfähig erklärt zu dem Verrath, an welche der drei Leonoren sie gerichtet, so Tasso gleichzeitig geliebt habe. — Allein an Eleonoren gleichzeitig drei! — Die älteste (ein Dutzend Jahr älter, als er), die anreizendste und lässigste von allen dreien war aber die Prinzess. Sie hatte mehr schon denn die dreissig auf dem kranken Rükken, als der Jerusalemer, kaum den Kinderschuhn entwachsen, sie zum erstenmal sah, und natürlich bis über die Zehspitzen entzündet ward. — Schau, Brüderchen, solche Ausbeuten erlangt man durch nüchterne geschichtliche Forschung für die Gaukelein, womit die Poesie uns lange belog, — solche! **)

3. In des schriftvertrauten Bruders Antwort heisst es u. a. „Für deine Nachrichten über Tassos Eleonoren kann ich aus meinen letzten Nachforschun-

**) Dergleichen Aufschlüsse erinnern an das Lächeln der Kinder im Schlaf, wovon Jahrhunderte hindurch ein schöner Wahn annam, dass Engel des Himmels und ihr Spiel mit dem Träumenden es hervorlokke, bis (nach Jean Paul) neuere Forscher anatomisch dargethan haben, es rüre eigentlich von der — — Magensäure her.

gen zufällig eine Gegengabe bieten. Ein Capellano Bonifacio (?) gab med. saec. 17mo zu Avignon Stammtafeln der berümtesten italienischen und französischen Geschlechten heraus, in denen auch Laura's edle Ahnen prangen. Bei ihrem Namen aber findet sich angemerkt: „post conjugis mortem cum Petrarca poëta, vidua quinque peperit liberos“ *) — Da diese Stammtafeln wieder aus meinen Händen sind, so schreibe ich aus dem Gedächtniss und kann nur für den Sinn, nicht für die Buchstäblichkeit der Worte einstehn.

Anderweites aus anderm Literaturbrief. 1829.

4. Dagegen habe ich aus den hesperischen Dichtern so viel gelernt, dass sie bis auf Dante zurükk,

---

*) „Mit dem Dichter Petrark zeugte sie als Wittwe nach des Ehegemals Tod noch 5 Kinder.“ Manso (aber nicht der obige, sondern der in den Xenien bedachte) meint in seiner „Kunst zu lieben“ mit Andern: Petrark habe von seiner Laura nie, auch nur ein Küsschen erlangen können.

Ein Küſſchen in Ehren
Kann Niemand mankeren. (Ächeuſch.)

mit der Quantität der Silben es nicht zu genau nehmen (doch noch immer himmelweit unterschieden von dem ewigen Leichtsinn der Franzosen.) Im Italienischen tönen sämmtliche Silben mehr oder minder lang, daher der Grund! — wie im Französischen Alles der Kürze, der Flüchtigkeit zuschiesst. Thaten die deutschen ältern Alexandriner zu wenig, nach dem Vorbild der französischen die Silben nur zu zälen, (nach Weckherlin) so gerathen unsre neure Übersetzungen aus dem Wälschen, wenn sie obige Lässigkeiten der Originale wiedergeben, in einen änlichen Fehler, da der deutsche Silbenfall ungleich entschiedner in seinen Längen und Kürzen heraustritt*).

Eben dieses Vorzugs unsrer Sprache wegen dürfen wir denn auch nicht, sofern sie nur richtig gemessen sind, die Folge einsilbiger Worte mit der Peinlichkeit vermeiden, welche uns Schulfüchse aufbringen wollten. In seinem vollendesten Sprachwerk lässt der vollendeste Dichter unsrer Zeit den vollendesten Verskünstler neuerer Zeit sagen:

„Wol hast du Recht, ich bin nicht mehr ich selbst,
„Und bins doch noch so gut als wie ichs war."

*) Aus derselben Ursach vermögen nur wir Deutsche die Versmaße der Alten leicht und in Masse nachzubilden.

Auf 10 Seiten (ibid. — Ausg. des Tasso v. J. 90 Seite 12 bis 21) finden sich 7 oder 8 solcher einsilbigen Fünffüßler und mehr als zwei Dutzend Zeilen jenen nah. Der Fluch deutscher Verse sind die, mit der Schlaffheit des stummen „E" in der der kurzen Silbe heimgesuchten Füße unsrer gleichgegliederten Trochäen **).

W. Schlegel rügt mit Recht Bürgers: „Meine Liebe lange, wie die Taube," und der große Kenner der bildenden und dichtenden Kunst sang selber, noch etwas bedenklicher: „Schöne Fatme, schöne Fatme, drunten in des Vaters Garten blühen sieben Mandelbäume ꝛc.

5. An den Herrn Oberpostdirektor ***.

Festinalente im Jahr 30.

Euer ꝛc. glaube ich, wenn auch nur als Mitbeamteter, eine vertrauliche Anzeige über den ungünstigen Erfolg schuldig zu sein, welchen die Ausfertigung französischer Personenzettel, wie selbe hier seit kurzem für die Schnellpost eingetreten ist, gewiss wider Ihre bessre Absicht hervorbringt.

**) Und unsre Jamben sind selten mehr, als Trochäen mit einer Aufschlagsilbe.

Bedachte Leute finden einige Verkehrtheit darin, wenn Eingeborne, der fremden Sprache unkundig, im eignen Land die Obliegenheiten und Bedingungen der Reise erst durch einen Dolmetsch müssen kennen lernen.

Wol nicht zu tadeln waren beschränktre Köpfe, welche äußerten, „die Post sei vermutlich französischen Pächtern überlassen.“ — Wieder Andre erklärten beifällig jene rätselhafte Wahrnehmung als Vorbote einer nahen Zurükerstattung der Rheinlande an Frankreich. (Euer kennen die Umtriebe, womit Gerüchte über GebietAbtretungen der Art zeither verbreitet wurden, u. es schmerzt, preußische Behörden Vorwand zu solchen Faseleien geben zu sehn).

Ohne allen Witz stichelten Weniger Übelwollende: „in unsern Postanstalten sei künftig jedes nicht französische Wort ein blinder Passagier; man müsse die Schnellwagen zugleich für ambulante Schulen mitzälen, wo auf dem rapidesten Weg für ehrliche Häute summarische Bildung in Umlauf komme — gleichsam eine linguistische Schnellgerberei.“ — Ernstre Denker, die keine diplomatische Fuhrwerke statuiren wollen, meinten, „dass übergroße Zuvorkommenheit für Fremde auf Kosten der Heimischen überall als kein haltbarer Beweggrund zu Ungehörigkeiten gelten könne. Der Rheinländer sei gewohnt, die Handlungen schon seiner Mitbürger mit geprüftem Auge zu beobachten, und das Kritisiren müsse hier sich unwillkürlich zur Bitterkeit steigern durch den Umstand, einer, durch Ausländerei herbeigezognen Unbequemlichkeit sogar durch heimische Behörden preisgegeben zu werden. Unerschütterlich war die Behauptung prozeßsüchtiger Berather: „amtliche Ausfertigungen hätten, nur in der Landessprache verlautbart, verbindende Kraft.“ — Ja das Postinteresse erscheint durch die Neurung auch anderweit gefärdet, indem Deutschtümler sich das Wort gegeben haben, „nicht mehr mit dem Eilwagen zu fahren, so lang es bei französ. Ausfertigungen verbleibe.“

Es bedarf sicher nur der Darlegung dieser Thatsachen, um Euer ꝛc. für die Wiedereinfürung deutscher Postbescheinigungen zu gewinnen.

Nebenher gibt man der Mutmaßung Raum, der fragliche Übelstand könne auch davon herrüren, daß alte Formulare aus wirtlichen Rüksichten zum Aufverbrauch vorgesucht seien. In solchem Fall würde ich, um nur unser geliebtes Deutsch wieder aufleben zu sehn, mich sehr gern zu dem Versuch anheischig machen, die Mehrkosten des Umdrukks durch eine Subskribzion unter Vaterlandsfreunden aufzubringen,

hochachtend

Euer ꝛc.

* * *

Unter Sprachkennern gilt längst als ausgemacht, daſſ ein musterhafter Briefstil zugleich die Grundlage jeder andern SchreibArt bildet; daher wir, den Beispielen zugethan, uns gern bereit finden lassen, unser kleines Sprachwerk noch mit einigen Mustern von Briefen auszustatten.

Bruchstükke.

Den 8. Okt. 1813.

An den Kommandeur des leichten GardeKavallerieRegiments, Herrn v. Kr.

Das geneigte Anerbieten der Präsentazion erscheint nach den militärischen Gebräuchen völlig entbehrlich, und bei Ew. ꝛc. nur aus der freundschaftlichen Absicht hervorgegangen, mich dem selbst entferntern Vorgesetzten bekannt zu machen, oder gar, wenn ich anders Ew. gütevolle Gesinnung errathe, mir den Weg zum abermaligen Eintritt in die BrigadeAdjutantur zu öffnen. Für das eine müsste ich Ew. sehr verbunden sein, die erwänte etwanige Vermittlung aber, wie jede andre dergleichen, wenigstens für jetzt eben so bestimmt als ergeben ablehnen, da ich mit voller Überzeugung habe einsehen gelernt, dass eine solche Stelle, zumal in einem Regiment, das noch im bedeutungvollen freudigen Fortgang des Kriegs, eine Kantonnirung mit der andern wechselt, und eine Parade nach der andern zu bestehen hat, nicht nur dem Unbescholtensten und Geschikten, sondern was ich mir nicht einräumen darf, einem solchen gebüre, der durch bereits erworbnes, warhaft kriegrisches Verdienst über allen Neid erhaben, und der unverbrüchlichen Zuneigung und des Vertrauens jedes einzelnen Kameraden gewiss ist. Gleichwol darf ich Ew., ohne Missdeutung befürchten zu müssen, hier aufrichtig gestehn, dass das Loos eines überzäligen und schliessenden Offiziers in einem Regiment, welches die lange gehegte Sehnsucht nach einer wirklichen und dauernden Teilnahme an dem Kamf vielleicht noch lange nicht, vielleicht erst spät oder gar nicht erfüllt sieht, weder wünschenswerth für mich, noch meiner frühern Laufbahn und Ausbildung, noch den Aufopferungen angemessen scheint, unter denen ich ein ehrenvolles und einträgliches Amt verließ, zu welchem mir, wenn ich davon den Gebrauch machen wollte, den ich nicht will, in jeder Stunde die Rükkehr freistünde, und der Dank, der Einfluss und die günstige Meinung meiner bürgerlichen Obern folgen würde. Ohne Rükkhalt indess, wie Ew. mich immer befunden haben, lege ich Ihnen meinen Plan für die Zukunft vor, nicht um Ihre Verwendung zu erbitten, die ich vielmehr, wie gesagt, für jezt sogar entbehren möchte, sondern weil ich Ihnen mindestens die Offenheit schuldig zu sein glaube, die ich jedem bereitwillig entgegen trage, der sich freundschaftlich für meine Angelegenheiten interessirt: Der jedem Menschen natürliche Drang nach einem angemessnen Wirkungskreis und nach Freiheit in demselben, machte mir bereits mehrere Wochen vor dem Tode unsers unvergesslichen Obersten das Bedürfniss der Veränderung meiner Lage ungemein fülbar, und wenn ich der Ausfürung meines Wunsches einigen Anstand gab, so geschah es nur aus der reinsten Anhänglichkeit an die Person des edeln Verstorbnen. Den Tag nach seinem Tode unterrichtete ich Rosenberg von meinem Vorhaben und von dem Missbehagen durch körperlichen Zustand verhindert zu sein, meinem Plane Flügel zu leihn. Jezt, da man sich bemüht, lieblose und kleinliche Urteile über meinen Werth und meine Stellung in Umlauf zu bringen, bin ich leider meiner Ehre schuldig, in der Schwadron zu verbleiben, die, als Entschädigung früherer Fälle hoffentlich in dem nächsten Treffen einen vorzugweise schweren Kampf zu erwarten hat. Der Stand vor dem Feinde wird jede unverständige Intrigue, jedes müßige Geklätsch verscheuchen, und sobald ich bemerke, dass das Regiment in Anerkenntniss der Eigenschaften, die sicher jedem Gegner, jeder Gefahr gegenüber sich bei mir bewären sollen, mich ungern verlieren würde, so gedenke ich meine Versetzung nachzusuchen. Gelangen wir nicht bald vor den Feind, so muss ich leider so lange in meiner jetzigen Lage ausdauern, bis mir die Offiziere des Regiments ohne Ausnahme diejenige Achtung und Brüderlichkeit zeigen, die ein Kamerad dem andern schuldig ist. Ich werde demnach den vorteilhaftern Veränderungen entsagend, die mir zu Gebot stehn, vor der Hand und überhaupt so lange bei der erwänten Schwadron verbleiben, als es mir gefällig sein wird.

Überhaupt versichern mich meine Freunde, dass es meiner lichtscheuen Widersacher im Regiment nur sehr wenige geben könne. Mit der größten Dankbarkeit würde ich es erkennen, wenn Ew. aus altem, nicht ganz unverdientem Wolwollen gegen Ihren Landsmann es dahin zu leiten wüssten, dass jene Paar Menschen, die sich mir absichtlich zu verheimlichen suchen, und denen ich gewiss nie mit Willen zu nahe getreten bin, sich offen mit den Ursachen ihres kleinlichen Hasses gegen mich äusserten: ich stehe Ew. dafür, dass ich dann sehr bald mich mit ihnen verständigen würde.

* * *

Den 1. Juli 1819.

An den Obersten von ***.

(Mit der ersten deutschen Übersetzung der KortesVerfassung.)

Erinnern Sie sich der Geduld, mit der Sie oft längerm Gespräch mit mir gütevoll entgegen kamen, so werden Sie auch teilnehmend des unver-

*) Spaniens StaatsVerfassung durch die Cortes, aus der Urschrift übertragen und herausgegeben von Friedrich von Grunenthal und Karl Gustav Dengel. Berlin, 1819, bei Christiani.

holnen Sinns gedenken, mit dem ich angelegentlich und zum Heil unsers Vaterlands eine baldige Feststellung seiner Verfassung herbei wünschte.

Unser Urteil prüft und berichtigt sich am besten an Beispielen. Ursprünglich diesen Zwek hatte ich für mich vor Augen, als ich, des Spanischen noch weniger mächtig, mit der Urschrift des kleinen Werks**) mich beschäftigte, das, hinterher übersetzt,

---

Aus der Einleitung.

**) Spaniens Geschichte bot den Urhebern die Gerechtsame des Bürgers, des Volks und des Königs, die Gesetzgebung und Rechtspflege; und unerschütterliche Grundvesten zeitgemäßer Gestaltungen waren vorhanden in der Anhänglichkeit an heimatlicher Sitte und in der Liebe zum König.

Die fromme Grundlage des freudigen Bau's ist der christliche Glaube. Die Katholische Religion war nach Zeit und Örtlichkeit beibehalten und angemessen dortigem Zustand, dortiger Bildung, wärend in den mehrsten andern Reichen europäischen Staatenbundes nur die Grundlage christlichen Bekenntnisses Zeitbedürfniss ist.

Die Vornehmen des Reichs verzichteten großherzig auf ihre Vorrechte zu Gunsten eines durch und durch geadelten Volks; Gedanke und Menschenrecht rissen sich los

durch meine Mitwirkung herausgegeben wurde und

---

von der *Erdscholle*, und weder Grundbesitz, noch der Götze des Geldreichtums, bedingten *die Mitherrschaft des Bürgers*.

Mannesalter, Unabhängigkeit, Unbescholtenheit, christlicher (Katholischer) Glaube und notdürftige Bildung, — also *Bürgertum*; ferner Auskommen, Geburt oder langer Wohnsitz im Wahlkreise und genaue Bekanntschaft mit ihm; endlich und hauptsächlich, *Vertrauen der Mitbürger*, durch freie Stimmenwahl an den Tag gelegt: dies allein sind die Erfordernisse zu einem *Landstand*.

Nur die höchsten Staatsdiener werden von der Wahlfähigkeit ausgeschlossen, und jeder öffentliche Beamte ist es für *die* Provinz, in der er angestellt ist.

Eine Trennung der Stände in zwei Kammern und Einrichtungen aus dem Lehnwesen überhaupt, finden nicht Statt.

Die Sitzungen der Landstände sind alljärlich. Die Volksvertretung wird alle zwei Jahre erneut, und der einmal Abgeordnete darf für dieselbe Provinz nicht wieder gewält werden.

Der Beruf der Landstände ist im Wesentlichen: Gesetze vorschlagen und berathen; diese, so wie Verträge über Hülfstruppen und Hülfgelder für den Fall des Kriegs, die Zulassung fremder Heere, desgleichen Handelverträge,

das ich Ihnen hier als Zeichen meiner treuen Wertschätzung zusende.

Steuern und Auflagen, und die Kosten der öffentlichen Verwaltung, prüfen und durch Zustimmung zur Königlichen Genehmigung vorbereiten; über Veräusserlichkeit oder Beibehalt liegenden Staatseigentums entscheiden; den Plan zur Erziehung des Thronerben bestätigen; Pressfreiheit wahren; dem Überfluss der Dienststellen vorbeugen; über die Verantwortlichkeit der Minister wachen, und, in dringender Noth Anleihen eröffnen.

In Gegenwart des Königs darf nicht gerathschlagt, im Beisein der Minister nicht abgestimmt werden.

Der Abschnitt über das Königtum geht von dem Erfahrungsatz aus: dass die Kraft in dem Maß begründet sei. Dadurch, dass der Herrscher einen Teil seiner Pflichten den Bürgern zurükkgibt, gewinnt er zu der übrigen wichtigern: Zeit, Übersicht und Freiheit.

Der Wirkungkreis einer herrlichen Übermacht, der dem geheiligten und unantastbaren Oberhaupt zu Teil wird, ist in den Satzungen 170 und 171 angegeben.

Dem König sind durch das Gesetz dreissigtägige Fristen zu seiner Antwort auf die Gesetzvorschläge der Cortes bestimmt; eine Festsetzung, welche, wie andre hierher gehörige, auf alten Gothischen Grundlagen beruht.

Die Schrift enthält, bei ihrem geringen Umfang, vieles Treffliche. — Manches, das einer ernsten Auf-

---

Zu der Form der Kabinetsbefehle gehört, daſſ wenigstens ein Minister sie gegenzeichnet; denn nicht der König, als reiner heiliger Wille gedacht, soll und kann für Miſſgriffe verantwortlich sein, sondern nur seine Minister.

Die Zahl derselben ist, mit Rücksicht auf Seemacht und Tochterlande Spaniens, auf sieben bestimmt, jedoch unter Vorbehalt etwa künftiger Beschränkung.

Keine Art des Verbrechens wird an den Angehörigen des Schuldigen geahndet, noch, durch dessen Überweisung in einen andern Stand, an diesem. Streng und oft werden die Gefängnisse unter Mitwirkung gewälter Gemeinbehörden durchforscht, und Unbill und entdekkte Mängel abgestellt und bestraft.

Jeder Verein von 1000 Einwohnern ernennt selbst alljärlich seinen Gemeinvorstand. Kein Königlicher Beamter darf zugleich in den Gemeindebehörden Platz finden, kein sonstiger Bürger sich den Gemeinämtern entziehn.

Bürgerschulen und Hochschulen sollen in gehöriger Anzahl errichtet, und mit zureichenden Einkünften versehen werden. Erörterung der Verfassung ist Gegenstand des öffentlichen Unterrichts. Keine Zen-

merksamkeit, manches Herrliche, das der Beherzigung und Fortbildung in unserm Staat würdig erscheinen möchte.

---

sur soll Statt haben, und das Reich der Gedankenmitteilung, unter gesetzlicher Verantwortung, frei sein.—

Mit den lebhaftesten Farben schildert der Ausschuss, in Bezug auf die Bestimmungen des Satzes 244 u. s. f., das bis dahin bestandene Unwesen der privilegirten Gerichtsstände.

Zu bemerken ist, dass in der Verfassung nicht gedacht wird: der Statthaftigkeit neu zu errichtender Majorate, noch der Errichtung einer, zwischen Bürger und Verwaltung tretenden, besondern Polizei. Aus naheliegenden Gründen ist nur gelegentlich und nebenher, bei den Gemeinvorständen, des Armenwesens gedacht.

Doch nicht ohne freudige Betroffenheit finden wir, aus Einer Wurzel Germanischer Stammverbindungen, und aus dem Gemeinsinn unsrer Zeit entsprossen, manche jenem und unserm Vaterlande gemeinsame Einrichtungen. Wir nehmen hier Bezug auf die Satzungen unsers Landrechts über die Stellung des Staatsoberhaupts gegen das Eigentum und die persönliche Freiheit des Bürgers; auf den richterlichen Beruf, seine Sicherstellung und die der Rechtpflege; auf die Umgestaltungen des Jahres 1807—8; auf die Städteordnung und auf

Vor Allem rechne ich hieher die tiefe Ehrfurcht vor der geheiligten Königlichen Gewalt, und das Festhalten an Einer dabei von aller Lehnvormundschaft entkleideten Kammer, sowie demnächst die Einrichtung der Stufenwalen bei den Landständen, wodurch, nach dem Beginn mit dem beachteten Stimmrecht der gesammten Staatsbürger, mittels Beibehalt in der folgenden geläuterten Auswahl, letztlich die wahrhaft Größten und Bessten, welche Einfluss mit liberaler Gesinnung verbinden, als Hauptabgeordnete (als Reichsstände) auserkoren bleiben. Das ist die wirkliche und einzig ächte Aristokratie, die von der Masse des ganzen Volks als erster Stufe ausgehend, durch begründetes und verdientes Zutraun der minder Begüterten, minder Beglükkten sich in den höhern Walen erhält, und so bis zur nächsten Staffel am Thron bewärt befunden wird.

---

das Edikt wegen erleichterten Grundbesitzes und wegen Aufhebung der Erbuntertänigkeit, und endlich auf die staatswirtschaftlichen Bestimmungen der ältern Regierungsinstrukzion und auf das Gesetz wegen Umwandlung des Steuerwesens vom 27. Oktober 1810.

Eintracht hielt uns in den Tagen harter Prüfung aufrecht, und der Erfolg war der stäte Begleiter unsers guten Willens, unserer gemeinschaftlichen Anstrengung. Freudig focht für den großen Zwek der Graf in einer Reihe mit dem Bürgersohn, und dieser fing rettend den Hieb auf, der jenem zugedacht war, und umgekehrt.

Hauptsache scheint mir, dass wir die verheissne Verfassung, ohne abgestorbne Feudalbevormundung mit Einer Kammer bekommen, ein Bild liebgewonnener Einigkeit, nicht die Einrichtung zweier Ständeabteilungen von wider-einander-streitendem Interesse, wie sie aus Englands blutigen Parteiungen, aus seinen innern Kriegen sich gestaltete.

Feudalstände jedoch, oder zwei Kammern bei uns einfüren, würde nach meinem gewissenhaften Ermessen eben so viel heissen als: Zwiespalt zwischen Adel und Bürgertum organisiren, der heilsamen Entwikkelung des Volks Fesseln, aus denen es befreit war, von Neuem aufdringen; die Kräfte des ohnehin im Vergleich mit den angrenzenden Mächten nicht zu starken, nur durch woltätigen Zusammenhalt bestehenden Staats mutwillig schwächen, und ihn selbst auf diese Weise allmälich dem zweideutigen Trachten feindlicher oder befreundeter Nachbarn preisgeben.

Möchten wir Frankreichs, und selbst Baierns bedenkliche Beispiele nicht an uns vorübergehn lassen, ohne in den eignen Busen zu greifen, ohne die Warnung der dortigen Halbheit für uns gedeihlich zu machen.

Je zerstükkelter ein Staat ist, je verschiedenartiger seine Bestandteile sind, desto dringender bedarf er der Verfassung, einer Verfassung aus Einem Guss, damit die entfernten Glieder eines Volks sich mit ihren abweichenden Bedürfnissen kennen und ausgleichen lernen, damit sie gewohnt werden, sich als Brüder und Genossen Einer Körperschaft zu betrachten.

Ein vermeintlich sehr wichtiges Hinderniss der baldigen Einfürung einer Verfassung in unserm Staat sieht man darin, dass selbst unter den Edelsten, unter besonnenen Vaterlandsfreunden sich noch nicht ein allgemeines, einstimmiges Urteil weniger über die Unabweislichkeit und den Werth des Bedürfnisses festgestellt hat, als über Gestalt und Weise, wie diesem Bedürfniss, dieser Wolthat nach Zeit und nach der Örtlichkeit unsers Vaterlandes am gediegensten könne genügt werden.

Ich bin, wie Sie wissen, mit dem Glauben an

dies Hinderniss nicht ganz einverstanden, vielmehr halte ich mit Andern dafür, dass man nur recht vorzügliche Einrichtungen zu geben braucht, um sicher zu sein, das Volk, dieser fügbare, folgsame Stoff, werde bei der großen Empfänglichkeit für alles Gute, die ihm beiwohnt, aus natürlichem Trieb sich schnell der angemessensten Form nachbilden. So lernte man rasch die Erbuntertänigkeit aufgeben; so fand man sich in die Gewerbfreiheit; so ward das Wehrsystem der allgemeinen Kriegerpflicht bald bei uns heimisch, und vor dem gerürten Blikk der woltätigen Gründer und des dankbaren Volks steht, in erfreulichem Abstich gegen die Zucht der vorausgegangnen Jahre, die menschenfreundlichre Behandlung, die jene freisinnige Anordnungen begleitet.

Vielleicht könnte die Verbreitung und Prüfung der beikommenden kleinen Schrift dem wünschenswerthen Zweck der Beachtung, Durchsprechung und Beherzigung des Gegenstandes im Allgemeinen, und der Verständigung über ihn näher füren ***).

***) Bei den Korteswahlen in Spanien ergab sich die keineswegs überraschende Genugthuung, dass mit

Den 12. Dez. 30.

An den StaatsMinister v. B.

Es müsste mir hart ergehn, wenn ich rüksichtlich

---

wenigen Ausnamen die Höchsten des Adels durch das Vertrauen der Bürger zu Landständen berufen wurden. Auf diese Weise blieben die Vorzüge dem vordem bevorrechtigten Stand, nur dass das Prinzip geändert, und statt der Vormunderei durch Überbleibsel des Lehnwesens und des priviligirten Güterbesitzes, Zutrauen einerseit, Wolwollen anderseits, die leitenden Grundsäze wurden.

Das jüdische Maß der Zinsgroschen scheint aber, es mag dafür sprechen wer da will, weit unter der ausgedienten Richtschnur der Feudaleinrichtungen zu stehn.

Und so wären ja wol Provinzialstände nach dem spanischen Vorbild, vereint mit dem feierlichen vom Oberhaupt vorgeschriebnen Eid jedes Staatsbürgers, „nie etwas den obigen Grundsäzen Zuwiderlaufendes aufkommen zu lassen,“ das Besste, was Preussen aus den Erfahrungen der Zeit und Vorzeit, als ächtestem historischem Fundament, sich aneignen könnte.

(Sind den Erdensönen im Handhaben ihres Bürgertums stärkre Beweggründe, heiligre gewärt, als die Vermittler Vertraun, Wolwollen und Interesse der Einigkeit? der Einigkeit.)

meiner persönlichen Interessen jemal meine Zuflucht zu Beschwerden oder InstanzenZügen nehmen sollte. Ich denke in diesem Punkt wie die Rheinländer, unter denen ich 10 Jahre lang lebe. Von dem mir eröffneten Rekurs an den Herrn OberPräsidenten in ZensurAngelegenheiten kann ich daher keinen Gebrauch machen. Ich habe nicht die Ehre, von Euer Erz. gekannt zu sein: ich sprach in der kleinen Denkschrift an den Herrn General von *** von den dringendsten Bedürfnissen des Gemeinwols, so weit sie mir einleuchten; ich sprach, von ihm darüber befragt.

Euer Erz. sind dazu berufen, auf eine bessre allgemeine Stimmung, auf eine Versönung unsers Volksstamms mit seiner Regierung (der wahren Aufgabe einer höhern Polizei in dem gegenwärtigen Umschwung), einzugehn. Es ist von der allergrößten Wichtigkeit, dass eine Bürgschaft, dass eine vorläufige Verlautbarung hinsichtlich der einzufürenden Rechtsinstituzionen dem Rheinlande nicht länger vorenthalten werde.

Nachlese

aus lesbarem Ungelesnem. No. III.

1. Der Buchstab ß.

K. G. Hundert in Köln an Dr. Neunzig in Düsseldorf. 1826.

Sie, mein geehrter Gelehrter, ziehn in einem Ihrer letzten Aufsätze unsrer seligen Flora zu Feld gegen den herkommlichen Hokuspokus mit dem ß, und zeigen an diesem augenfälligen Beispiel, in welchem Widersinn unsre Deutsche, sogenannte Rechtschreibung befangen liegt. Wir Erwachsne spüren, Dank der Gewohnheit, diese babilonische Verwirrung nicht sonderlich; aber das gesammte Kindesalter in unserm Vaterland emfindet mit jeder aufkommenden Generazion von Neuem, wie schwer und schmerzlich sich beim ersten Unterricht eine Masse von Inkonsequenzen einzwängt. Fragen Sie nur die Schulmeister nach den KraftAnstrengungen, welche sie beim Schreib-

und Lesenlehren unnütz an Kopf und Rükken unsrer Jugend verschwenden müssen, und Sie werden eingestehn, dass sichs hier nicht um eine Kleinfügigkeit handelt, dass ein bessers Sistem der Schreibung vielmehr eine große Wolthat für das ganze Volk wäre. Vor hundert Jahren fand eine änliche Schreibverwirrung in Frankreich Statt. Jedoch einer der größten Geister unsrer nachbarlichen Nebenbuler hielt nicht unter seiner Würde, den alten Plunder von Widersprüchen sichtend, ein ortografischer Neurer zu werden.

In leicht gewandter Bildungsfähigkeit schloss das gesammte Frankreich *) zu schlusshaltigrer Rechtschreibung seiner Sprache sich Voltair's Rathschlägen an; aber freilich war dieser seltne Mann **) in jeder

---

*) Nämlich durch seine Protes (πρoτoς, der erste), welche in den Drukkereien statt der oft fehlschreibenden französischen Schriftsteller die Rechtschreibung handhaben.

**) Audienz in Ferney.
(Aus Biörnstahls gelehrten Reise-Briefen.) *Almanna Tidninger 1770.* Der betagte Herr von Voltaire ist hagrer großer Statur, hat große Augen, große Nase, gefärlich großen Mund und ein großes Kinn; — was wäre nicht groß an ihm?

Richtung seiner frivolen Bestrebungen der Repräsentant des ganzen französischen Volks. — Unter den deutschen Schriftstellern ist bisher so wenig ein Urbild der Art *), als ein Messias richtigerer Schrei-

---

Zusatz des Herausgebers.

Wie hoch der dünkelhafte, trokkne, glaubenlose Franzos sich über dem gemütvollen schweizer Nachbar erhaben wänte, ergibt u. a. eine Anmerkung von Voltaire's eigner Hand zu einer vergessnen damaligen Flugschrift, welche so ausgestattet sich aus einer Büchersammlung in Ferney, zu meinem Erstaunen, wirklich vorfand. Es hieß darin: „Mr. de Voltaire et Mr. Rousseau, *ces deux hommes illustres*" etc. und Voltaire hatte am Rand verbessert:

„dont l'un est illustre, l'autre fameux."

Siegm. Fr.

*) Es hiesse der Zeit und unsrer Entwikklung, so weit diese gediehn ist, unschiklichen Weihrauch streun, wollte man Göthe als den Stellvertreter deutscher Volkstümlichkeit bezeichnen. Ein wahnfreier Blikk auf künftige Geschlechter aber ist nur Sehern vergönnt.

Von Quedlinburg zum Thor hinaus
Ein Wandrer sezt sein Beine;
Ein jeder Pelz hat seine Laus —
Warum ich denn nicht die meine!

„Reisen Sie auch nach Quedlinburg, meine Besste?"
Antw.: „Sie verzeihn, nach Wolfenbeutel."

bung aufgetreten. Zwar wollte der Schreiber des Messias dies Amt auf sich nehmen, doch eignete sich Klopstock um so weniger hiezu, da ihm von jeher Popularität unter uns mangelte. Anfangs ward er „bewundert, aber wenig gelesen;“ jetzt wird er weniger bewundert und beinah gar nicht gelesen. Bei der bekannten Vorliebe des deutschen Michels für den Schlendrian, — unter uns, die wir gewohnt sind, jedes Hergebrachte, und unsre himmelschreiendsten Vorurteile selbst, als unantastbar zu betrachten, würde solche sprachliche Neurung, schon an sich und bei sogar riesenhaften Vorzügen, fast unbesiegbare Schwierigkeit haben. Umtriebe dieses Schlags könnten, wie Alles in Deutschland, nur langsam und allmälig reifen, — sie könnten mutmaßlich allein im Weg der Assoziazion, durch die Ausbreitung von Sprachvereinen durchgesetzt werden.

Jeder Sprachlaut sollte billig sein einzelnes, eigentümliches Zeichen haben. Gleichwol schreiben wir,

---

Ein Komperativ des Komperativs ist im Deutschen so wenig unerhört, als ein Diminutiv des Diminutivs, oder ein Fömininum des Femenins, z. B. Katze, Kätzinn. (S. Faust.) Siehe oben.

1. einen einzelnen Laut mit mehrern Buchstaben: sch, ch, ph, th, sz ꝛc. Wir schreiben
2. (was der Kürze wegen schon hingehn möchte) mehrere *) Laute mit einem Buchstab x statt ks, q [u] für kw. Wir besitzen endlich
3. für einen und denselben Laut verschiedne Zeichen: f, v. ph; i und y; t und th; c, das entweder dem k oder dem z gleichkommt.

---

*) Der frühere Entwurf sagte „mehre" mit Fr. A. Wolf und den beiden Schlegeln.

Wir versuchen folgende Aufstellung:

Adverb. Viel. Mehr. Meist.

Pronom. regul. (posit. latet.) Mehre, (ungebräuchlich) die Mehrsten.

irregul. Viele. Etliche. Etwelche. Welche. Manche. Einige. Einzelne. Wenige.

Compar. des Compar.: Mehrere. **)

Superl.: Die Meisten.

**) Mit Klopstock scheint der dichterische Ausweg, statt des prosaischen Sehr oder des altertümlichen Fast den Comparativ zu gebrauchen („mit wilderm Arm" ꝛc.) sich wieder allmälig verloren zu haben. Der einfache aber ungebräuchliche Compar.: Mehre, oder bestimmter: der Versuch, „Mehre" als Positivus geltend zu machen, möchte noch schwerer durchzufüren sein. (Fast, statt: Sehr stirbt wider mit Jean Paul ab.)

Welche Sippschaft von Folgewidrigkeiten!

Die Italiener schreiben Filippo und Otello, unbekümmert, ob die Mönche: Philippus, oder Shakespear: Othello geschrieben haben. Sie erfreun sich unter allen lebenden Völkern der regelrechtesten Ortografie, lediglich aus dem Grund, weil sie schreiben wie sie sprechen.

Zu Ihrem ß zurückzukehren, so leidet keinen Einwand, dass dies ß einen einfachen Sprachlaut bezeichnet; es kann nach den obigen Erfordernissen folgerecht weder durch ſs noch durch ſſ, noch durch ss ersetzt werden. Ein Doppellaut ist ß so wenger, als dieser Buchstab immer nur einer Silbe angehört, als er selbe jederzeit längt *). Die Silbe: Muß, ist gedehnt, wie Fuß, Fraß, groß; soll sie gekürzt werden, so müssen Sie: Muss, schreiben, ein doppeltes s brauchen. Daher wird auch die alte Schulmeisterregel, welche Sie mit Recht als widersinnig verwerfen, Kuß, Koloß, Fuß, blaß, zu schreiben, schon häufig nicht mehr befolgt. Könnten

*) Z. B. Schößling (Schoßkind). Stolberg. Schössling (Sprössling). Scheffner. Siehe viele andre Beispiele weiter am Ende.

wir uns aber einhellig entschließen: „Kardinal“ und „Zitrone“ zu schreiben, nicht Cardinal und Citrone, und überall k oder beziehweise z, statt des c zu gebrauchen, so erlangten wir zugleich ein Einzelzeichen für den Einzellaut ß, eben das für die bisherige Anwendung entbehrliche c. Dieser Buchstab erhielte dann auch bei uns dieselbe Geltung*) welche er bei den nachbarlichen Franzosen**) (c, ç), Spaniern, Portogisen ꝛc. in den mehrsten Fällen bereits besitzt***).

---

*) Valore, Werth; valuta, Geltung.

**) Le parti en pouvoir à présent veut Bonaparte en robe de chambre et en bonnet de nuit, tandis que l'autre le veut à chevel l'épée a la main.

Bonstettens Briefe.

Die Deutschen denken frei, die Franzosen schaffen sich Fesseln, und, wo diese etwa mangeln, Moden. Wahre Sklaven- oder vielmehr Puppen-Seelen, die immer in Fäden hangen! Bonstetten.

***) Nach Voltaire stellen wir Noverre unbedenklich zunächst.

Noverre, der des künstlerischen Frankreichs Stolz, seinen theatralischen Tanz, gründete, ward von einem Höfling des vierzehnten Ludwigs: Maitre de danse ge-

Wenn Sie nach solchem Vorschlag sich des Lächelns nicht enthalten können, so bedenken Sie, dass

---

nannt. „Und Sie finden sich nicht beleidigt durch so unverschämte Anrede?" — „Im Gegenteil!" antwortete der Liebling der tanzenden Muse, „schmeichelt man doch Hrn. v. Voltaire durch den Titel: Maitre de langue; ich nehme die Äusserung in diesem Sinn." —

Wie es kommt, dass hier in Köln ein Gespann possierlicher Missgeburten von einem gewissen gedrükkten Wesen, und dieses daher auch ohne Zweifel liebend, vielleicht mit Mehrern solchen Geziefers ihren Mitmenschen durch einen arg ausbündig übelriechenden Athem zur Last fallen? Die Antwort nach dem Ausspruch zugezogner anatomischer Berather liegt nicht fern, obzwar leider ausser dem Weichbild der Urbanität. „Ohne Zweifel, weil bei ihnen Lippe und Thronglied (Gesäß und Gefräß) allzunahe Nachbarn sind." — Freilich ist aber zwischen einem Meister der Sprache und einem Sprachmeister, welcher, obwol mehr als Bube, — wenigstens (wenn nicht höchstens) unter Pique des Kartenspiels sich bemerkbar macht, ein Unterschied wie zwischen einem Reichsapfel und einem Rossapfel.

*) Statt so ferner Aussichten dürfte genügen, wie schon häufig geschieht, den einfachen Laut ß mit einem einzelnen s zu schreiben: „Las grosen Fras und kolossale Frasen!"

Möchte das c aber nach 100 Jahren statt des ß ein-

unsre Urteile meistens Kinder der Gewohnheit und Bequemlichkeit sind. Vermögen Sie hingegen das

---

gebürgert sein, wie früher f für ph und v für w, so könnte nach 200 Jahren wol das (spanische) X zur Geltung des ch übergehn, wo dann in den vorhandnen wenigen Fällen die EmigrantenEntschädigung ks einträte; das „u nach dem q" aber als lästiger Gast gleich verabschiedet werden. Zudem darf man regieren (Regierung) unmöglich mit Billigkeit von Gier ableiten; es sollte daher sammt allen andern latinisirendfranzösirenden Zeitwörtern, mit dem aufrichtigen iren abgespeiset, nicht, gleich vielen sonstigen unrechtfertigen Beispielen (wie: MediziNieren, OffiZierdegen, BuchstaBierwitz rc.) doppelsinnig umlaufend, mit dem Vorwand des treuherzigen Deutschen ie zu Diebshehlerei gestempelt werden; denn Lied und Frieden rc. lauteten vormals Liud und Friud rc. und wurden auch so geschrieben.

Nach Adelung sollen wir Pfantasie und Fantast schreiben; und somit gönnten wir der Fantasie, obzwar sie vielgestaltig ist, lieber ebenfalls ein einfaches F. Da wir ferner: Kumpan, oder wie unsre Väter: „Kompan" schreiben, und wie unsre Aachner Brüder „KomphausBad" schreiben wir künftig auch „Kompanie," und indem wir das k wieder einsetzen, verstoßen wir im g (compagnie) abermals einen überlä-

Lachen dabei zu verkneifen, so wollen wir Sie, in Anerkenntniss Ihrer Unbefangenheit, nächstens bei

---

stigen französischen Einbringling, der, zu Hause unnütz, gleichwol gewusst hat bei uns sich einzuschwärzen.

In Erwägung: dass überhaupt nicht mehr mit den heutigen Franzosen auszukommen ist, die zu Widersinn geboren und berufen scheinen, aus einer Torheit immer in die andre, aus einer pralenden Barbarei in eine zweite, dritte, vierte ꝛc., aus diesem großherzigen Unfug in jenen noch großherzigern zu verfallen — die in dem Fetisch Napoleon die Zwingherrschaft und im Widerspruch mit sich selbst gleichzeitig ein Wahnbild der Freiheit vergöttern möchten, das wenigstens gallischem Leichtsinn ewig unerreichbar bleiben wird. — In Erwägung ferner: Geht es einmal überher, und muss man zwischen äussern Beigewichten wälen, wenden wir uns lieber dem Volke zu, das schon durch überlegne Karakterstärke, durch geprüfte politische Einsicht und tiefgewurzelten Gemeinsinn auserkoren ist, dem übrigen Europa vorzuleuchten und vorzuragen, dem nicht-übergroßen Haupt- und Eiland, wo nach Georg Forster „jeder Bürger König ist,“ „der Tirannenwehre auf dieser Hemissäre,“ dem freien Britannien. Sein sh wie seine Genossen- oder SchwurGerichte hat es zwar von uns Deutschen, was freilich lange her ist. In Erwägung aber, dass bei uns gilt was weit her ist,

unsrer SprachAssoziation einstimmig zum Vorstand wälen.

2. Von deutscher Rechtschreibung.

An Herrn Antiquar K. G. Hundert in Köln.

Ihren Aufsatz zu verständlichen, haben wir den Feldzug des Herrn Doktor Neunzig gegen den herkommlichen Hokuspokus mit dem ß, in der Flora seliger nachlesen müssen. Es heißt dort beiläufig:
„Die Regel aber besielt, bei Verlängrung eines „Worts, in welchem ein doppeltes s gehört „wird, das z in s zu wandeln, wodurch dann

so wollen wir, wie des Engländers Geld, auch sein sh, und statt der französischen Halbheit, lieber die Ganzheit des englischen Genossengerichts uns gefallen lassen. Wir verschwören uns demnach feierlich, sobald dies — wir wissen nicht recht, ob mehr menschlich oder mehr englische Gut mit Haut und Haar bei uns eingebürgert wird, unsern gemeinschaftlichen einfachen Zischlaut, statt mit dem Dreizeichen sch, altväterlich wieder mit dem nur doppelten sh zu schreiben.

Dietzsche Setzerei,
Ausschuss für die Gesetze.

„das ſſ entſteht. So gänzliche Umwandlung „eines Buchſtabs muſſ jedoch höchſt gezwungen „erſcheinen; ich wenigſtens halte dafür, daſſ die „Zerlegung des ß in ſ und ʒ unrichtig ſei, und „daſſ ihre bisherige Annam auf einem, vom „Schulmeiſter angeerbten*) blinden Glauben „ beruhe ꝛc.“

Soweit jener Gelehrte. Sie, mein Beſſter, rükken das Obige Ihrer Potenz näher, und gerathen Sie nicht aus dem Hundertſten in das Tauſendſte, ſo verleugnen Sie zum wenigſten Ihren antiquariſchen Beruf, indem Sie Neuerungen vorbringen, die übrigens an ſich keineswegs verwerflich, nur auſſer der Zeit ſind. In dieſem Betracht wollen wir Ihren Vorſchlag: „ſtatt des ß in Zukunft das c zu gebrauchen,“ vorläufig auf 50 Jahre vertagen, da ohnehin nach dem, in unſrer üblichen Schriftzeichnung bereits Vorwaltenden, „die Selbſtlauter in gleichlaufende Höhe zu ſtellen, die Mitlauter hingegen durch Hervorragungen zu unterſcheiden,“ das Zeichen c nicht ſonderlich möchte gewält ſein. Mitt-

---

*) angegerbten?

Anm. d. Setzers.

lerweile aber verbürgen wir uns, nicht mehr nach jener verschlissnen Schulmeisterlaune ß und ss untereinander zu werfen; sondern in Anbetracht, dass man: Küsse, Geschosse, Flüsse, Kolosse rc. schreibt, auch in der Einzelzahl: Kuss, Fluss, Koloss, Geschoss rc. zu schreiben (nicht: Kuß rc.). Mit einem längenden ß darf bei namhafter Strafe denn solchem Vorgang gemäß, nach Jahresfrist ebenfalls nicht weiter: blaß, floß, genoß, gewiß, daß rc. vielmehr sollen diese Wörter ihrer ortografischen Kurzsilbigkeit wegen künftig durchweg gleich den genannten: blass, floss, genoss, gewiss, dass rc. bustabirt werden.

Und so sei es! Wie in der Ausbildung der Sprache, geben wir auch in der Ausbildung der Rechtschreibung dem Allmäligen den Vorzug.

Wir haben bloß aufzumerken und in beiden verschwisterten Angelegenheiten die begonnte Bewegung nur fortzupflanzen. Wesenlicher als auf den Umtausch der Zeichen scheint es somit bei der Schreibung zunächst darauf anzukommen, auch fürder mehr und mehr diejenigen Mitlauter auszustoßen, welche ganz überflüssig dastehn, und deren müßige Zwischenkunft beigetragen hat, unser Deutsch in den übeln Ruf der Härte und Schwerfälligkeit zu bringen.

Anfänglich schrieb man: **Andawleiz** und **Hlau-**

doweigk (Antlitz, Ludwig). Man änderte, und änderte wieder; noch vor 160 Jahren schrieb man: Ampt, ungestümb, geschärpfft, frembt, kompt, Umbstand, Ranft, Wrasen (Rand, Rasen), Fraw, trawrig ꝛc. Vor 60 Jahren schrieb und sprach man allgemein noch: Zeitläufte, nirgends, darnach, Reitz, reiffen, beyde, diesseits, vorzugsweise, anspruchslos ꝛc., jetzt fast durchgängig bereits: Zeitläufe, nirgend, danach, Reiz, reifen, beide, dissseit, vorzugweise anspruchlos ꝛc. *). So schreitet unsre Sprache Gottlob noch immer in ihrer Entwikkelung fort, und unschwer lässt sich voraussagen, welche Überbleibsel mehr einer unbehülflichen Schriftgestaltung als wirklich verhärteter Aussprach nacheinander an die Todesreihe gelangen werden. Wie die Wörter: Ampt, frembt, kompt ꝛc. von dem störenden p oder b nach und nach befreit wurden, fängt man an auch: emfohlen, emfinden, emfangen ꝛc. (wie umfangen) zu schreiben, und mutmaßlich verschwindet bald dies p überhaupt zwischen m und f, so dass wir änlicher Weise: kämfen, stumf, Damf, glimflich, Sumf, Schimf ꝛc. schrei-

---

*) Selbst: himmelvoll, hoffnunglos (ohne Binde-s) linkwärts schon bei Schiller, siehe oben.

ben werden. Selbst der korrekteste Dichter trägt kein Bedenken, Triumf auf dumpf zu reimen *), oder ist in Emfangen das p hörbarer als in Umfangen? (schon im Eingang bemerkt). Wozu also das p, wenn es sich hier unnütz macht. —

Leichter noch als zur Ausmergung dieses ungehörigen „p," werden wir uns an die Trennung von einem nichtssagenden „h" gewönen. Wir werden fortan nicht: Theil, besiehlt, Wirth, Blüthe ꝛc. schreiben, sondern: Teil, besielt, Wirt, Blüte ꝛc. und gleich wie man hinsichtlich des Umlauts: Paar in Pärchen (nicht Päärchen), Haar in hären vereinfachte, Saal in Säle, Moos in Möslein, Waage in wägen, Schooß in Schöße ꝛc. (nicht Möösch en, Sääle, hääre n, waägen, Schöößе), so inskünftige auch: Erzälung, järlich, änlich, gefärlich, Gefärte, Röricht ꝛc. schreiben, da die Dehnung bereits im Diftong (Zwielaut) vorhanden, das Dehnzeichen h mithin in jener Verbindung ganz zwecklos ist. Eben dieser genügenden Dehnung wegen erscheint folge-

*) U. A. namentlich Willamow und Voss, siehe oben.
Anmerkung des Setzers.

recht, auch bei Büne, kün, rürend, wälen, füren, Gemüt ꝛc. das müßige Dehnzeichen wegzulassen[1]).

Auf solchem Wege wird unsre Sprache allgemach ein minder abschrekkendes Äussre erlangen, und folgerichtigre Schreibung mehr und mehr Eingang finden. Hierher rechnen wir denn allerdings auch, dass k und beziehweise z für das undeutsche c, das z aber ebenfalls durchweg für t eintrete, wo nicht dieses, sondern jenes gehört wird. (Assoziazion; nicht Associacion, oder wie Sie in jenem Aufsatz belieben, Assoziation). — So viel für heute. Werfen Sie uns nach obigen Weissagungen immerhin vor, Herr Hundert, dass wir, ungleich Ihnen, aus den Hunderten in die Tausende gefallen sind. Wir streichen vor Ihrer mächtigen Dialektik willig die Segel. Es ist wahr, Antiquar, dass Sie zwar, sonderbar, nur was klar Ihnen war, immerdar wie verbissen bei gewissen Finsternissen zu vermissen sich beflissen. Allein lassen Sie sich nicht irre machen in ihrer Naivetät, „dem Sieg der Natur über die Kunst.“ Jener pries die göttliche Weisheit, dass

---

[1]) Also lenken die Herrn doch zum Schreiber des Messias ein? Der Setzer.

bei Tag nicht stokkfinstre Nacht sei. So kann man auch manche unbezweifelte Wahrheiten nicht oft genug wiederholen. Wir meinen hiemit vor Allem Ihre Ausfälle auf den deutschen Michel. — Auch würden wir statt der von Ihnen angeregten kleinern Sprachvereine lieber Einen großen Sprachverein, und zwar über das ganze Vaterland ausgebreitet erblikken, wo etwa unser gesammtes deutsches Volk Sitz und Stimme hätte. —

Die Sprachmengerzunft [2])
in Königswinter.

---

[2]) Nach der Analogie von: „Fleischmenger, Fischmenger" (händler) könnte man unsre Weinhändler „Weinmenger" nennen.

Vorstudien
zu möglicher, schlussvestrer Schreibung des Deutschen.

Tonbezeichnung. (Beispiel vorab: harrt, hart, haart; zudem das Dehnungs h und hinter i das e.)

1. Gemäße,
   a. Die Dehnung vorausgesetzt: Schlaf, schlaff; Haken, hakken; den, denn; her, Herr; Schößling, Schössling; Span, spann; Wüste, wüsste; Gebet, Gebett; spare, Sparre; Schafe, schaffe; pralen, prallen.
   b. Die Kürze vorausgesetzt: schielt, schilt; bohrst, borst; ihm, im; sie, sich; haart, hart; büßte, Büste.

2. Übermäßige,
   a. Ein Dehnzeichen (e, h) zu viel: Bahn, Bann; Fehl, Fell; Heer, Herr; Fries, friss;

Riesen, rissen; schiert, schirrt; Kehle, Kelle; schief, Schiff; zum Wohle, Wolle; Speere, Sperre; mahnen, Mannen; Staat, Statt; zehren, zerren; hehr, Herr; fahre, Farre; haart, harrt; rothe, Rotte; Rieß, Riss; ihren, irren; Saat, satt; Staar, starr; Stahl, Stall; schaaren, scharren.

b. Zwei Dehnungen zuviel: Miethe, Mitte; rieth, ritt; stiehlt, stillt; Biether, bitter. (Der Missgriff leuchtet ein, Wörter, wie: Turm, Zitter (Zither), welche gekürzten Laut haben, mit th zu schreiben.)

3. Mangelhafte,

a. meistens mit sch, ch, st, welche der Doppelung unfähig *). Erz, erz; Weg, weg; (offen)barsten, barsten; ich drasch, rasch. Sprache, Sache; Kuchen, Küche; Trost, Kost; Wüste, Küste.

---

*) Nämlich in einem und demselben Wurzelwort; denn man schreibt: Kunststükk ꝛc. wie Rohheit; dagegen schreiben Viele Hoheit, wo Hohheit richtiger wäre.

b. Mit Fortlassung des ': flucht, Flucht; sucht, Sucht; rasten, rasten; schuft, Schuft; kosten, Kosten; buchten, Buchten.

c. Mit Fortlassung des h, künste, Künste; fürst, Fürst.

Gleichlaute.

a. trotz der Doppelung: Trift, trifft; fasten, fassten; hart, haart; Schafte, schaffte; Gestalt, gestallt; Mist, misst; Karte, karrte; dorten, dorrten; bald, ballt; schalten, schallten; Kante, kannte; bis, Biss; ist, isst; Küste, küsste; Gewalt, gewallt; Fels, Fells; hart, harrt.

b. trotz der Dehnung: Dünste, dünnste; Aaß, aß; wahr, war; bohrte, Borte; Herr, her; Thon, Ton; Wehr, wer; Fieber, Fiber; Thau, Tau; währen, wären; Stiel, Stil; Loos, los; Waaren, waren; mahlen, malen.

Gleichgeschrieben. (Coda der Mangelhaften.)

a. Gebet, gebet; erblich, erblich; Erblasser, Erblasser; Kommende, kommende; (aber Sekante und Seekante.) — nachthut, Nacht-

Hut; Schreibart, SchreiBart; Stillehre, (Dillschneider) StillEhre; Hofart, HofArt; Arme, Armée; Alle und Allée; wie Tiber und Tiber (⏑ —).

b. Gemach, gemach; Betrug, betrug; Stifte, stifte; Fakkeln, fakkeln; Macht, macht; Borsten, borsten; Trog, trog; einst, einst; Feige, feige; Taube, taube; Laute, laute; Starke (junge Kuh), starke; Wunder, wunder; Faden, faden; Träger, träger (oder träger, Träger); Floh, floh; Stahl, stahl; bedacht, bedacht.

Überhäufung bei Zusammenstoß der Mitlauter (wo zwei der guten Dinge genügen können). Schifffahrt, Rükkkehr, Schnellläufer, kinnnakt, Krummmacher, starrrükkig, kusssüchtig, Betttisch, wie Mitttag (aber Mittwoch, nicht Mitwoch, und Sammstag und Dingstag [von *Ding*: öffentlich Gericht], Geding, Recht, Leibgeding).

Zu der Zeitmessung des ß, das, wie das th, jederzeit dehnt, folgende Beispiele:

Aas = aß, *büßte* > Büste; *Muße*, Muss;

aß > Aſſ (die Aſſe); groß, Groſſ (die Groſſe); Schößling (Schoßkind), Schöſſling (Sproſſ), Schößling bei Stollberg, Schößling bei Scheffner und Mehrern.

Qui bene dist. bene d. (z. 1. und 4.)

Kanzianer [1]) verschieden von Kantianer [2]). Nicht Citazion oder Citation (Titazion), sondern („uns vom halben zu entwönen" Göthe) Zitazion, Lizitazion, Petizion. Horazius wie Horazisch, nicht Horatisch (HoraTisch?), Geburtheil (Adelthum) aber Geburtteil (Erbteil, Mußteil, Muſſteil), Schaffteu (prov. Roſſſchweif) nicht wie bräuchlich: Schaffthen [3])

---

[1]) Canciani leges barbarorum, ein goldner Leitfaden, zum Teil für nicht barbarische Gesetzgeber.

[2]) Vergleiche in der handschr. Zugabe (dem ABCD) die Artikel: Kantianer, Staatenbunt, Dteusch, offizierlich, lavagöttlich ꝛc. (Podagrämer, brautjämmerlich.

Maler Müller.)

[3]) Brüderschaft, Gleichheit (Brüder schafft, gleich heut.)

Friedrich.

(Schafft Heu)! Beteilung nicht Betheilung (Prinz v. Hohenlohe*) rc.

* * *

Wenden wir uns schnell von kleinfügiger Durchforschung des Widerstrebensten und StoffArtigsten (oder vielmehr StoffUnartigsten) zu einer der Abstufungen jener Höhe, auf der wir die Menschen im Element der Freiheit erschauen, auf der uns unsre Abkunft die trostreichste Versönung mit der Welt, der Blikk in die Ferne eine wahrhaft himmlische Botschaft bringt.

Jakob Grimms Grammatik, offenbar das reichhaltigste Sprachwerk unsrer Zeit, ist so umfassend angelegt, von so tiefer Altertümlichkeit, seine erlösende Vollendung so weit ausstehend, dass — wenn nicht ein Menschenalter, wenigstens ein zweiter Grimm oder ein dritter Schlegel zur gesammten Ergründung und Nutznießung des riesigen Unterneh-

---

*) Beisprung des Setzers. Da Nachtheil auch wie Nacht-Heil kann gelesen werden, so scheint allerdings die Schreibart: Nachteil (ohne h) vorzuziehn, denn das Heil wohnt im Licht, nicht in der Nacht, welche keinem Menschenfreund ist.

mens erforderlich scheint. Gehn wir ungelehrte Tagesmenschen, bis uns eine reinre Quelle für deutsche Sprachkunde, eine vollgültigre Fundgrube unsrer Poesie*) und Prosa geboten wird, auf die Bibel-Übersetzung Luthers**) zurük — legen wir allseitig das Vorurteil gegen ihn ab, und lernen wir ferner in dem abenteuerlichen Reformator den treu-

---

Fragen des Setzers.

*) Gibt es in unserm vaterländischen, in allem neuerm Schriftwesen überhaupt, etwas mehr dichterisch-naives als jene Mahnung, Kap. 32. 5. Buch Mose: „Nim keine Vogelnester aus, auf dass dirs wohlgehe?" — — Etwa das Wiederfinden der verwelkten Blumen in Sternbalds Wanderungen?

**) Wann wird einem der ernsthaften feierlichen Herrn, — die schwarz sind wie die Kohle und wie die Kohle gebundnen Lichtstoff enthalten, und wie sie dem Verderben widerstehn sollten, — wann wird nur einem einfallen, in Predigten oder in zahlreichen Drukkschriften den Luther als einen Märtrer — zumeist für die katholische Kirche darzustellen, weil diese durch die sittlichre Zucht (wessen?) und nach dem Erfahrungsatz, „dass die ächte Kraft im Maß begründet ist," den überwiegenden Vorteil bei der Reformazion davon getragen hat?

glaubigen Fürsten unsrer kernigen Muttersprache ehren.

* * *

Bald ist es Ernst, bald ist es Spaß;
Bald ist es Lieb, bald ist es Haß;
Bald ist es dies bald ist es das;
Es ist ein Nichts und ist ein Was.

Göthe.

Köln.
Gedrukt bei J. W. Dietz u. Comp.

NS. Durch die wenig abgeänderte Rechtschreibung dieser kleinen Schrift sind beim Satz derselben 9010 Lettern gespart.

Zugabe

über den Zweikamf.

Über den Zweikamf.

(Bruchstükk eines umfassendern Bekenntnisses.)

Die Gesetzmäßigkeit des Zweikamfs entschwand aus deutscher Heimat mit dem poetischen Schwung der ritterlichen Zeit. Sicherheit der Person und des Besitzes kehrte in Städt und Länder ein; und wenn der gerichtsbarere Schutz unläugbar die Wiege gewerblicher Vervollkommnung und Wolhabenheit ward, so schläferte auf der Gegenseite der obrigkeitlich befestigte, sorglose Zustand der Vereine, und manche unbewärte Satzung, die ihm anhing, wie jede falsche Sicherheit, den Geist der Sicherung, den Sinn für eigne Verteidigung und Erkämfung ein. Freiheit, Begüterung, Selbständigkeit, und mit diesen das von ihnen abhängige Maß des Muts, der Kraft, des Selbstgefüls, früher ausschließliche Vorzüge eines überwältigenden Herrenstands, sollten das Eigentum der Völker werden.

Allein von jeher verloren in eben dem Grad, in welchem sie unter die Menge sich vereinzelten und verteilten, heilge Dinge an äussrer Wirkung und Bedeutsamkeit. Bereitete der Abfall vom Feudalsistem unbedingt eine erhebende Stufe für die Fortschreitung des Menschengeschlechts, so scheint der Übergang das Achtbare dieser Herschform mit dem Verbrauchten und Verächtlichen ausgeschüttet, ehrwürdigen Beziehungen derselben mitunter schwache oder schädliche Surrogate unterschoben zu haben. Staatsumwälzungen, Kriege, Völkerwandrungen sind die großen Hebel zur Kräftigung erschlaffter Nazionen. Die höchste Kunst eines weisen Friedensfürsten beruht in der Aufgabe, Einrichtungen zu gründen und aufrecht zu erhalten, die im ersten Keim dem schrekklichen Bedürfniss jener gewaltsamen Mittel begegnend, dahin zwekken, den energischen Trieb des SchnellEntschlusses, der Standhaftigkeit, der Liebe zum Vaterland dessen Sönen anzueignen und zu bewahren. Unabhängigkeit in der Anwendung der Fähigkeiten jedes Einzelnen, Entfernung des Kastensinns, Mitwirkung und Anteil des Volks an Regirung und Gesetzgebung, richtiges Verhältniss der widereinanderstreitenden Gewalten des Staats, eine Jugenderziehung halb nach Sparta's Vorbild, WaffenÜbungen und öffentliche Spiele, Geist und Emfindung stälende Schaubünen, richterlich bewilligter Zweikamf — dies ungefär sind, nach zusammengefassten Erfahrungssätzen, der Fürsorge kluger Herrscher sich darbietende Einrichtungen; ruhmloser Verweichlichung emporgestiegner Nazionen, der Gleichgültigkeit für Gemeinwesen, und frühzeitig einer mit ihnen allmälig einschleichenden Sklavendenkart vorbauend, welche fremder Unterjochung stets den Weg bahnte. Die Geschichte zeigt, dass, wo Völker zur Weichlichkeit und Erwartung herabsanken, nie Unterdrükker mangelten, ein schmälig hartes Loos auf sie zu wälzen. Unter jenen Vorbeugungsmitteln verweilen wir hier zuvörderst bei Betrachtungen über den Zweikamf.

Strafe ist die rächende Vergeltung, welche das Gesetz für Einzelne oder für Körperschaften übernimt. Wie weit sich das Reich dieser Bevormundung erstrekken müsse, bestimmt sich in der Idee durch den höhern oder niedrerern Grad der Mäßigung, den man bei mehr oder minder gebildeten Völkern in jedem Einzelwesen voraus annehmen darf. Je vollendeter der Mensch, je weniger braucht er gegängelt zu werden, auch vom Gesetz, je mehr sei ihm seine ursprüngliche Freiheit zurükgegeben, und allbekannt lässt sich ein als Ziel uns gestekkter Zustand sittlicher Vollkommenheit denken, in welchem alle Rechtspflege unnüz wird, teils weil Streit und Missthat unter Menschen aufhören, teils aber auch weil Jeder fähig und würdig ist, Richter in eigner Angelegenheit zu sein. So heben sich die meisten, in persönlichen Verhältnissen befangnen bürgerlichen Einsezungen, Zünfte, Armenhäuser, Besserungan-stalten, die ganze persönliche Sicherheitpolizei ꝛc. endlich auf durch Erreichung ihres eignen Zwekks. Der Weltlauf scheint den obigen Maßstab zu widerlegen. Die Ursach davon glauben wir jedoch vornemlich darin suchen zu dürfen, dass ein Volk noch in seiner Rohheit, schon dieses Zustands wegen eine umfassendre Gesezreihe weder stiften noch überkommen kann, — dass man, kraft der Gewohnheit sich schwer entschließt, einmal eingefürte und von altertümlichem Ansehn unterstüzte Geseze aufzulösen — und endlich dass wir wenigen Völkern einräumen dürfen, sie hätten die Höhe bereits erreicht, auf welcher sie mächtig sind der rechtmäßigen, allmäligen Wiedererwerbung eines Teils des verscherzten Guts anfänglicher Unabhängigkeit. Der Grundsaz wird ewig unwandelbar bleiben, je mehr der Mensch innen zur Freiheit gelangt, je mehr verdient er die äußre.

Wir sehn den Zweikampf, den geheiligten Akt, der in früher Vorzeit das Schikksal ganzer Völkerstämme*) das Wol und Wehe der Geschlechter, Ehre oder Ruchlosigkeit des Einzelnen entschied, bei uns gesetzlich zum Verbrechen herabgewürdigt und mit der Schmach erniedrigender Strafen bedroht. —

*) Das letzte offenkundige Beispiel des Zweikamfs zwischen bedeutenden regirenden Häuptern, dürfte die Herausforbrung Carl des Fünften an Franz I. sein. Aber wie schon die Fürsten vor Troja im Angesicht der Heere zu Zweien mit einander stritten, berichtet auch die Geschichte unsrer Tage, dass Fürer kleinrer HeeresAbteilungen, ihre Untergebnen zu sparen, die Entscheidung durch Zweikamf dem allgemeinern Blutvergießen vorzogen. Die 4 preußischen Geschwader, welche den abenteuerlichen Zug nach Moskau mitmachten, und bei denen Napoleon auf dem Rükkweg Zuflucht vor seinen eigenen Soldaten fand, stiessen auf ein russisches Cavallerie-Regiment. Wärend die Truppen auf beiden Seiten hielten, kamen die Obersten überein, statt jener die Sache unter sich abzuthun. Der Preusse (v. Werder, der älteste Sohn des Staatsministers dieses Namens) bedrängt, bereits verletzt, vom heißen Kamf beinah erschöpft, erlegte endlich seinen Gegner.

Strafe trachtet die Handlung, welche sie verdammt, zu hindern. Man könnte fragen, ob irgend Jemand, der in die Lage geriet, einen Zweikamf einzugehn, wol je durch die Furcht der Bestrafung zurükgehalten wurde. Der Ehrliebende zieht die Erduldung langen Elends dem Vorwurf der Feigheit vor. Die Todesstrafe schrekkt ihn nicht, er steht bereits im Begriff, sein Leben einzusetzen. Der Zweikamf ist streng verpönt, er wird daher heimlich begangen*).

---

*) Unter deutschen KernSchriftstellern, welche einem in die enge Grenzen der Ehre zurükgewiesnen Zweikamf das Wort reden, füren wir beispielweise nur folgende an: „Der Zweikamf, der sich immer noch **glükklicherweise** bei uns erhält, versönt den Rächer und wehrt der meuchlerischen Wollust, welche die Rache erfinderisch und begeistert macht. (Möser über deutsche Sprache und Litteratur.) Sturz (siehe dessen Schriften. Leipzig 1786. II. S. 338 und Hilburghauser kleine Ausgabe zu Ende) stellt in einem ausgezeichneten Vorbild das Wesen des wahren Zweikamfs in das hellste Licht. Unter unsern spätern Klassikern haben vornemlich Göthe und Schiller über den Edelmut, welcher beim Zweikamf vorherrschen muss, jener im Clavigo, dieser im Carlos sich wolthuend ausgesprochen.

Diese Heimlichkeit wiederum macht möglich, dass der misswollende gemeine Beleidiger im Fall der Überlegenheit, ohne von der verdienten öffentlichen Schande erreicht zu werden, noch zur Waffenentscheidung herauszufordern wagt — dass Unwürdige aus ehrlosen Nebenabsichten zu einem scheinbaren Ehrenkamf schreiten. Aber für den Redlichen, der nach einer reinen Gesinnung, nach der strengsten Prüfung seines Gewissens sich von dem Zweikamf nicht lossagen darf, fürt jene diebische Verheimlichung der Anstalten und der That, der Widerstreit der Handlungweise mit der Achtung vor den Gesetzen seines Landes, eine kränkende, in sich gekehrte Zerfallenheit mit sich, über deren Zweifel der Andre leicht hinweg ist. So presst der Drukk positiver Beschränkungen gerade denjenigen, der des Missbrauchs am wenigsten fähig wäre, wärend der Schlechtre mutwillig des seinsollenden Zügels spottet. — Wie wenig unsre Strafgesetze wider den Zweikamf seinem Wesen angepasst sind, scheinen die häufigen Begnadigungen zu beweisen; die so zahlreich worden, dass man mitunter sich bereits vermisst, sie als Regel d. h. als Gesetz geltend zu machen. —

Die Herausforderung zum Zweikamf rürt bei

einem wolgeordneten Gemüt nicht sowol von dem Wunsch der Rachevergeltung her, als von der Absicht, dem Wiedersacher, der sich unlautrer oder verstekkter Mittel des Hasses bedient, in offner, männlich geziemender Fehde gegenüber gestellt zu werden. Gerade um sich von jenem Trachten der Rache im Innern und Äußern frei zu erhalten, versteht der seiner Fülende sich schwer dazu, den Beleidiger vor die Schranken richterlicher Bestrafung zu ziehn. Er öffnet ihm lieber die Gelegenheit, dem verfolgten Gegenstand in freiem Kamf zu begegnen, d. h. er fordert ihn heraus. Ohnehin können teils ihrem Wesen nach, teils nach der Begrenzung unsrer Gesetze, viele Arten der Verletzung — der Ränkesucht, der Verläumdung, der Nachstellung und Verfürung *) nie Gegenstände eigentlicher Gerichtklage werden. Diese Nichtswürdigkeiten, die, vom Gesetz nicht erreicht, ein so frechres Spiel treiben, sind es vorab, welche im Drang heiliger Nothwendigkeit die Gestattung des Zweikamfs anrufen.

*) Wenn du meinen Vater schlägst oder meine Schwester verfürst, oder meinen freisinnigen König verunglimfst, sollte ich nicht Fug und Recht haben, dich auf Waffen zu fordern?

Aus älterm Tagebuch.

Das Urteil über das Erforderniss oder die Entbehrlichkeit einer Waffenentscheidung dem Beleidigten selbst zu überlassen, erscheint in mehrfachem Betracht unzulässig. Es sollten daher nicht nur unter Kriegern, sondern in jedem Stande Ehrengerichte gesetzlich eingefürt werden, um den Spruch zu fällen, wo der Zweikamf eintreten darf, und die Aufsicht bei seiner Vollziehung anzuordnen.

* * *

Was dem jugendlichen Geiste eines Abgeschiedenen vor einer Reihe Jahren für den obigen Gegenstand zwekkdienlich schien, stellen wir hier zur Beurteilung unsrer Leser.

Die Wolthat, von seines Gleichen gerichtet zu werden, in jenen Tagen ein Vorrecht nur des Kriegerstandes, geniesst der Rheinländer zum Teil in der Anstalt der Geschwornen, mit welcher Halbheit auch diese ursprünglich deutsche Einsetzung den Völkern des Festlandes, deren Wohnplätze französische Provinzen wurden, mag wiedergegeben sein.

Bei der Gemeinsamkeit der Kriegerpflicht hat die vormalige Grenzscheide zwischen Wehrstand und Bürgertum im preussischen Staat aufgehört, und die Geschwornengerichte scheinen den nächsten Anhalt zu vindiziren, wenn von einer, der Gesetzgebung anheimfallenden Übertragung und Erweitrung der Ehrengerichte die Sprache ist.

Der auffallenste Unterschied, bezüglich auf den Zweikamf zeigt sich aber bei den bisherigen Gesetzbüchern selbst, welche zur Zeit in unserm Staat noch nebeneinander gelten. Wärend in dem Napoleonischen Recht mit keiner Silbe des Duells gedacht wird [1]), enthält das preußische Landrecht ausfürliche Vorschriften über standesmäßige Beschränkung [2]) und harte Ahndung des Zweikamfs [3]).

---

[1]) Dieser Mangelhaftigkeit steht für den umblikkenden Beobachter in andrer Abteilung des Code ein Überfluss gegenüber, welcher vor einer tiefern Forschung sich weder durch Volkstümlichkeiten, noch durch Zeitverhältnisse ganz rechtfertigen dürfte.

Wir meinen die Bestimmungen wider das Wuchergewerb. Einer der ersten staatswirtschaftlichen Denker unsers deutschen Volks, Günther in seiner gekrönten Preisschrift über den Wucher [Hamburg 1790 bei Bohn] verwirft, wie jede Einschränkung hinsichtlich des Anwendens der Kapitalien, insbesondre alle Gesetze gegen sogenannte wucherliche Geschäfte. Bei andrer Gelegenheit hoffen wir in einem eignen Aufsatz der fraglichen Ansicht näher zu treten.

[2]) Allgem. LandR. f. d. preuß. Staat Th. II. Tit. 20. §§. 686 bis 690.

Es bleibt zu erwarten, daſſ die im Werk begriffne geläutertre Geſetzgebung für die geſammten

---

*) Ebendaſelbſt auſſer §. 806 seq. 668 seq., wo auch die Kamfzeugen mit ſtrenger Dammniſſ bedroht werden.

§. 686. Wenn Militärperſonen einander beleidigen, oder zum Zweikamf fordern: ſo finden die darüber ergangnen beſondern Verordnungen Statt.

§. 687. Wenn eine Zivilperſon von einer Militärperſon zum Zweikamf genöthigt worden: ſo ſoll über das Vergehn der leztern zuerſt erkannt, und nach Maßgabe dieſes Straferkenntniſſes auch die Strafe der Zivilperſon verhältnißmäßig beſtimmt werden.

§. 688. Dagegen finden die obigen über den Zweikamf ergangnen Verordnungen wider eine Zivilperſon, welche eine Militärperſon herausfordert, oder ſonſt zum Duelle nötigt, nach ihrem ganzen Umfang Anwendung.

§. 689. Wenn Perſonen, die weder zum Adel noch Offizierſtand gehören, Jemanden mit Seiten = oder Schießgewehr angreifen, oder ihren Gegner zum Zweikamf fordern, oder Ausfordrungen annehmen, ſo ſoll dergleichen Unternehmen als ein Verſuch zum Morde angeſehen und beſtraft werden.

§. 690. Wenn ſich dergleichen Leute auf den Stok, oder andre minder gefährliche Inſtrumente herausfordern oder Schlagen, ſo ſollen dieſelben mit der doppelten Strafe der Realinjurien belegt werden.

preußischen Lande mit gewohnter Prüfung und Wahl des Bessern, zwischen beiden Wahrnehmungen eine

---

§. 667. Insonderheit sollen diejenigen, welche dergleichen Genugthuung durch Privatzweikamf selbst zu suchen sich unterfangen, dafür mit der schärfsten Strafe belegt werden.

§. 668. Wer also einen Andern zum Zweikamf fordert, hat nach Verhältniß des dazu erhaltnen größern oder geringern Reizes, eine drei= bis sechsjärige Festungsstrafe verwirkt.

§. 669. Wer die Ausfordrung annimt, und durch sein Betragen seine Bereitwilligkeit zum Zweikamf zu erkennen gibt, soll nach Verhältniß der ihm zu statten kommenden größern oder geringern Entschuldigungsgründe, ein= bis dreijährige Festungstrafe leiden.

§. 670. Durch die Ausforderung oder die Annahme derselben gehen zwar die Parteien des Rechts, Privatgenugthuung zu fordern, verlustig; sie haben aber, außer der durch den unternommnen Zweikamf verwirkten Ahndung, auch noch die Strafe der Injurien zu erwarten.

§. 671. Ist der Zweikamf vor sich gegangen, und ein Teil dabei getödtet, so soll der Überlebende nach Beschaffenheit seines Vorsatzes, mit der Todesstrafe der Mörder oder Todschläger belegt werden.

§. 672. Ist (beim Zweikamf) Niemand getödtet, so

weise Berichtigung dieser, für gesellige Verhältnisse

---

werden beide Teile ihres Adels und der Ehrenstellen, welche sie bekleiden, verlustig, und noch außerdem nach Bewandniss der Umstände mit zehnjäriger bis lebenswieriger Festungstrafe belegt.

(Eben so bei Diebstal und allen entehrenden Verbrechen Verlust des Adels," bei Staatsverbrechen häufig Konfiskazion des Vermögens.

Ohne Zweifel auf diese Herbheiten bezieht sich folgende Stelle aus dem Vorwort, womit die Herausgeber, wie oben bereits bemerkt ist, die erste deutsche Übersetzung der spanischen KortesVerfassung begleiteten:

„Keine Art des Verbrechens wird an den Angehörigen des Schuldigen geahndet, noch durch dessen Überweisung in einen andern Stand an diesem.")

§. 673. Wer sich der Strafe des Privatduells durch die Flucht entzieht, dessen Vermögen soll, insofern er dergleichen innerhalb Landes besitzt, so lange er lebt, in Beschlag genommen, ihm selbst davon nicht das Geringste verabfolgt, allemal aber sein Bildniss an einen öffentlichen Schandpfal geschlagen werden.

§. 676. Wer sich zu Begünstigung eines Duells als Sekundant oder Kartellträger brauchen lässt, hat, wenn jemand getödtet worden, zehnjärige, sonst aber fünfjärige Festungstrafe verwirkt.

wie für einen kriegerischen Staat gleich erheblichen Angelegenheit treffen werde *).

Köln a R. vor Weihnacht 1830.

K. G. D.

---

*) Unter den gebildeten Völkern, neurer Zeit, besitzen die Italiener eine Reihe trefflicher Abhandlungen, gleichsam ein statutarisches Recht über den Zweikamf. Büsch in seinen vermischten Schriften (1r. Bd. am Ende) fürt mehrere hieher gehörige Kontroverse aus der ältern Litteratur dieses genialen Volkes an; ein weitläufigrer Nachweis darüber findet sich in Fontanini Notizia de libri rari. London 1726.

Berichtigungen.

Seite 10 unten: Berlinern statt Berliner.
17 und an mehrern Stellen: Komparativ statt Komperativ.
18 oben: achten statt ächten.
18 unten: wie sch von g jener im Deutschen.
24 Blüchers Urteil: „bezüglich auf den Lohnsoldaten."
25 unten: 6 Tagen statt nach 6 Wochen.
26 oben: Köln (Colonia).
28 unten: κυων statt κηον.
33 oben: schnuwt statt schnurt.
52 Mitte: Fülle statt Fälle.
53 Marque statt Masque.
59 unten: Gebet statt Gebot.
86 Paroxismus statt Parozismus.
87 unten: nicht nur den Armen.
95 oben: herb statt derb.
96 der Schlegel statt von Schlegel.
107 noch Weckherlin statt nach.
134 zur Last falle, statt fallen.

FSC
www.fsc.org
MIX
Papier | Fördert gute Waldnutzung
FSC® C083411

Kolibri 360 GmbH
Ferdinand-Jühlke-Straße 7
99095 Erfurt, Deutschland
produktsicherheit@kolibri360.de